国家自然科学基金项目(51604216)资助
陕西省教育厅基金项目(13JZ029、14JK1445、2015KRM011、2016KRM088)资助
陕西省社科基金项目(2015R043)资助

矿工不安全行为网络传播
过程及仿真分析

李 琰 著

中国矿业大学出版社

内 容 简 介

本书在对矿工不安全行为内控点的识别及提出假设的基础上,从成本收益和内部控制的角度对矿工不安全行为的影响因素及多主体模型进行构建与分析,在成本收益的视角下以"假设识别—因素筛选—因素分析—仿真模拟"为分析框架,对矿工不安全行为网络传播过程及仿真分析进行研究。首先,基于问卷调查和回归分析找出矿工不安全行为关键内控点,证实内控点与不安全行为的相关关系;其次,在梳理并总结国内外关于成本收益的研究成果上,理论分析不安全行为成本和不安全行为收益的构成,并应用因子分析法识别出不安全行为成本的 3 个要素;然后,基于实际考虑多元利益主体对其行为影响,对相关数据进行仿真演化及案例研究;最后,构建矿工不安全行为决策模型,通过仿真分析得出不同的影响因素对矿工不安全行为产生的影响。

本书可供安全科学与工程、管理科学与工程、安全管理及相关领域的科研人员和工程技术人员参考使用,亦可作为普通高校相关专业研究生的参考用书。

图书在版编目(C I P)数据

矿工不安全行为网络传播过程及仿真分析/李琰著
. —徐州:中国矿业大学出版社,2018.9
ISBN 978 - 7 - 5646 - 4132 - 0

Ⅰ. ①矿… Ⅱ. ①李… Ⅲ. ①矿山安全—安全管理—
计算机仿真 Ⅳ. ①TD7

中国版本图书馆 CIP 数据核字(2018)第 223778 号

书　　名	矿工不安全行为网络传播过程及仿真分析
著　　者	李　琰
责任编辑	黄本斌
出版发行	中国矿业大学出版社有限责任公司
	(江苏省徐州市解放南路　邮编 221008)
营销热线	(0516)83884103　83885105
出版服务	(0516)83995789　83884920
网　　址	http://www.cumtp.com　**E-mail**:cumtpvip@cumtp.com
印　　刷	徐州中矿大印发科技有限公司
开　　本	787×1092　1/16　**印张** 14　**字数** 274 千字
版次印次	2018 年 9 月第 1 版　2018 年 9 月第 1 次印刷
定　　价	32.00 元

(图书出现印装质量问题,本社负责调换)

前　言

根据国内近 30 年的重大事故调查统计研究，发现由人的不安全行为导致的事故占事故总数的 97% 以上。对于煤炭企业而言，矿工的不安全行为则是引发施工事故的主要原因。由于煤矿井下工作环境封闭，矿工通常为了适应封闭的工作环境会表现出与其单独作业时不一样的行为方式，他们会形成一个存在频繁的、密切协作的工作群体，这样就在矿工之间形成了一个简单的社会网络，这些不安全行为就会在群体之间进行广泛的传播，这也成为矿难发生的重要原因。因此，控制不安全行为是减少煤矿重大事故发生的重要途径。

本书提出矿工不安全行为内控点的识别及假设，构建矿工不安全行为内控点概念模型，通过检验证明该模型中展现的脉络关系是饱和的。随后对矿工内控点假设进行论证。通过梳理相关文献设计研究所需问卷，并对 S 煤炭企业工作人员发放问卷得到研究样本，并进行信效度检测和相关性检验。通过回归分析检验研究假设。基于对本书所得出矿工不安全行为内控点的分析，发现矿工不安全行为内控点主要为团队建设、风险感知、沟通渠道、安全监督和安全管理五个方面。

从成本收益分析角度出发，以陕西省 S 煤炭企业矿工为主要研究对象，基于扎根理论质性研究方法对矿工开展实地访谈，筛选影响矿工不安全行为的因素范畴。在此基础上，采用问卷调查方式，对问卷进行设计和发放，并对有效问卷进行信度、效度和相关性检验，并采用回归分析研究矿工不安全行为成本、不安全行为收益对不安全行为的影响。研究表明：矿工不安全行为成本包括风险成本、预备成本和实施成本，不安全行为收益包括精神收益和物质收益。风险成本、预备成本和实施成本与不安全行为之间存在负相关关系，精神收益、物质收益与不安全行为之间存在正相关关系。

结合了行为经济学理论对矿工不安全行为的成本收益模型进行研究,理清矿工不安全行为产生的机理后,以复杂适应系统理论和多主体建模方法为基础,对多元利益主体之间的关系进行研究并建立多主体模型,同时,依据系统动力学理论对多元利益主体导致矿工不安全行为的因果关系进行说明;由于多主体之间的利益存在冲突,进而产生多方博弈行为,通过对各个主体期望收益的分析,得到系统运行过程中的稳定策略选择;为了验证多方博弈稳定策略选择的有效性,采用仿真演化方法和案例分析方法进行实证研究;通过多方博弈分析及实证研究,提出以内外两种驱动力提高矿工主体安全行为收益的治理策略,从而达到安全生产的目标,为煤炭企业在干预矿工不安全行为的产生方面提供了一种有效的管理方式。

本书利用文献研究法,结合有限理性假设解决决策目标和矿工互相影响的问题,再结合前景价值理论解决价值判断的问题,与行为经济学交叉构建了矿工不安全行为决策模型的理论基础。成本收益计算、矿工从众影响和管理者干预影响等部分共同构成了矿工不安全行为决策过程。利用 NetLogo 仿真软件的编程语言,将矿工决策模型编译为适宜仿真研究的矿工不安全行为决策仿真平台,在影响因素中选取正向激励、反向激励、工作时间和从众系数四个方面对矿工不安全行为决策进行仿真模拟。研究得出:NetLogo 矿工不安全行为决策仿真平台,在不同的影响因素数值环境下,可以反映个体矿工决策过程和群体矿工的决策趋势;正向激励要比反向激励能更多地抑制不安全行为的产生;维持合理的工作时间对抑制矿工不安全行为非常重要。

本书的研究成果从成本收益的角度出发,综合运用多种交叉学科知识,基于分析内部控制下矿工不安全行为内控点后,对矿工不安全行为影响因素进行了探究,深入探讨了矿工、组织、管理者和环境多方面对矿工不安全行为模型的影响,仿真研究了正向激励、反向激励、工作时间和从众系数等影响因素对矿工不安全行为的效果。揭示矿工不安全行为网络传播的最新发展动态,为专家做出正确的选择,为降低煤矿重大事故发生提供崭新的视角。全书共分 7 章,第 1 章对选题背景及意义和国内外研究现状进行综述,提出本书的研究出发点、主要内容和目标,是全书的铺垫;第 2 章是理论基础,针对内部控制、不安全行为、成本收益分析等方面的概念和内容进行了理论阐述,为本书的研究奠定了理论基础;第3章进行了基于内部控制的矿工不安全行为内控点分析,构建了矿工不安全行为内控点概念模型,对模型理论进行饱和度检验;第4章通过构建矿工不安全行为影响因素模型,验证了所提出的假设,对风险成本、预备成本、实施成本、精神收益、物质收益之间关系进行说明;第5章进行了成本收益的矿工不安全行为多主体模型构建与分析,从而提高矿工主体安全行为收益的治理策略,达到安全生产的目标;第6章构建了基于成本收益的矿工不安全行为决策仿真模型,展示出了个体矿工决策过程和群体矿工的决策趋势;第7章对全书所做的工作及研究进行总结,并提出今后研究的展望。

本书的出版得到了西安科技大学能源经济与管理研究中心基地项目的支持,并获得了国家自然科学基金项目(51604216);陕西省教育厅基金项目(13JZ029、14JK1445、2015KRM011、2016KRM088);陕西省社科基金项目(2015R043);西安科技大学基金项目(15JZ036、2015QDJ049、15BY46、2018SZ04)等的资助与支持,谨在此向支持作者研究工作的所有单位表达诚挚的谢意;感谢西安科技大学安全管理研究所全体成员的帮助与支持,感谢你们在工作、生活中无微不至的关心和爱护;感谢作者的朋友和同仁的帮助和支持;感谢研究生赵梓焱、于瑾惠、杨森、李京蔓、冉小佳、乔立、崔天舒、刘洋的帮助和支持;感谢出版社相关编辑为本书出版付出的辛勤劳动。在本书的撰写过程中,曾参考和引用了国内外学者有关的研究成果和文献,在此一并向他们表示诚挚的感谢!

由于作者理论修养和自身能力的局限性,本书必然存在种种的不足与缺陷,敬请各位读者不吝指正。

作　者

2018 年 4 月

目　　录

第1章 绪 论

1.1 研究背景

煤炭仍然是目前国内常用的能源和工业原料,尤其是在能源使用中,占到了70%左右,预计到2050年还将占50%以上,在可预见的时间内以煤炭为主的能源使用格局仍然是主流,所以煤矿企业的安全生产对我国经济平稳运行具有举足轻重的地位。2017年1月,国务院办公厅印发《安全生产"十三五"规划》,其中指出煤矿重大灾害是治理重点之一,并且提出"煤矿百万吨死亡率"指标在2020年末较2015年末下降15%的目标。可见,政府对煤矿安全管理执行力度在不断加大,而我国煤矿企业虽然在安全控制方面也取得了重大进展,但是煤矿安全事故依然频频发生,每年仍有大量矿工在矿难中受伤,无论是我国学者对矿难的分析,还是美国杜邦公司近10年的统计结果,均表明矿工的不安全行为与矿难的因果关联度极高[1]。2017年2月14日,湖南省斗笠山镇腾飞煤业有限公司祖保煤矿发生爆炸事故,造成10人死亡,3人受伤,事故发生原因是煤矿违法违规组织生产。2017年2月27日,贵州水城矿业股份有限公司大河边煤矿310702综采工作面发生爆炸事故,造成9人死亡,9人受伤,事故发生原因为抽采管路未严格按规定设计和安装,生产管理不到位。2017年7月5日,新疆生产建设兵团第六师新疆大黄山豫新煤矿有限责任公司一号井发生重大瓦斯爆炸事故,造成17人死亡,3人重伤,事故发生原因为在采煤工作面封闭火区未熄灭的情况下,盲目缩小区域范围,遇采空区明火,发生瓦斯爆炸。2017年8月19日,安徽省淮南市谢家集区东方煤矿发生瓦斯爆炸事故,造成2人死亡,25人被困,事故发生原因为该矿长期非法越界非正规开采。但是,当前各煤矿企业不安全行为管理的效果还不尽人意,传统的"安全培训、安全绩效、以罚代管"等管理方式,只能一定程度让矿工被动地减少不安全行为,而不能让矿工从自觉主动做出安全行为。因此,必须从深层次剖析矿工不安全行为的"动机",才能找到从根本上遏制不安全行为发生的有效方法。2006~2016年间全国煤炭产量共计352.18亿t,共造成死亡23 318人,11年间煤矿平均百万吨死亡率为0.745,如表1-1所列。

表 1-1   2006～2016 年煤矿产量与死亡人数统计

年份	产量/亿 t	死亡人数/人	百万吨死亡率
2006	23.25	4 746	2.04
2007	25.23	3 786	1.485
2008	27.16	3 186	1.182
2009	30.50	2 700	0.892
2010	30.29	2 433	0.803
2011	34.98	1 973	0.564
2012	37.00	1 384	0.374
2013	36.41	1 067	0.293
2014	36.22	931	0.257
2015	37.50	588	0.159
2016	33.64	524	0.156
总计	352.18	23 318	
平均			0.745

内部控制作为企业的一项重要管理活动,主要意义在于提高企业经营效率,实现企业战略发展。煤炭行业作为我国国民经济中重要行业,是促进我国经济快速发展的基础产业之一。鉴于煤炭行业在国民经济中的重要地位,国家对于煤炭企业的控制力度正在不断地加强。由于其具有产品单一、机械化程度低、地处偏远、作业点多而分散等特点,所以管理比较粗放。近年来,煤炭企业的经营规模在不断扩大,但内部管理水平尚待提高。面对复杂多变的经济环境,煤炭企业面临的不确定风险也在迅速增加,尤其是煤炭企业事故频发。国家安全生产监督管理总局统计指出,2017 年全国共发生各类生产安全事故约 2.7 万起、死亡约 2 万人,其中重特大事故 17 起、死亡 225 人。建立有效的内部控制体系能为企业风险管理提供保障,因此煤炭企业加强内部控制具有紧迫性和必要性。

因煤炭生产造成的死亡矿工数量虽已从 2006 年的 4 746 人下降到 2016 年的 524 人,但是同世界平均水平相比,仍然比较高。以美国为例,美国的产煤量一直稳居世界第二,近十年来煤炭年产量保持在 10 亿 t 上下,因煤炭生产造成的死亡矿工数量每年仅为 30 人左右,百万吨死亡率稳定保持在 0.1 以下。尤其是近几年,其百万吨死亡率稳定在 0.03 左右。

频频发生的煤矿事故,既给煤炭行业和矿工带来了极大的损失,同时又影响了煤炭行业的形象,极大削弱了煤炭行业的市场亲和力,对煤炭企业的生产运营带来了阻碍。在目前行业背景下,煤矿企业、科研院所、相关安全监管政府机关等从各自方向,不断优化生产技术,包括安全监测系统建设和设备的更新改良等。然而,对近年来煤矿生产技术革新情况和安全事故发生情况进行比较可以发现,技术进步与装备改善对提高煤矿安全水平虽具有非常积极的意义,但并没有从源头上抑制煤矿事故的发生。虽然近年来煤矿生产与安全监管技术突飞猛进,但煤矿安全事故的整体态势并未得到明显的抑制。实践表明,单纯通过科技进步与装备改善难以从根本上解决煤矿"物的不安全状态",诸多安全隐患均需仰赖员工的技能水平等。这主要是因为:

(1)受地质条件、矿工技能水平、生产效率等多方面的影响,我国煤炭生产长时间处于机械化水平,全方位达到高度自动化、可视化、信息化还需要进一步发展。矿工的技能水平和行为决策是煤矿安全事故发生的重要影响因素。

(2)煤矿生产设备尤其是大型设备部署生产之后,如果存在因矿工客观条件而产生系统性故障时,不可能及时地进行修理和改进,这种条件下就需要依靠矿工来进行避免或改变。

(3)井下工作环境比较恶劣,存在很多不可控危险源,在安全事故发生时更需要矿工的及时反应和按章操作。

(4)煤矿井下作业位置处于不断的变动之中,导致矿工工作环境的多变和机械的位移,影响了采矿体系和采矿机械的稳定性,所以更依靠矿工行为的约束来填补系统可靠性方面的瑕疵。

所以,从矿工行为改善与安全行为决策角度进行研究和实践应是解决煤矿事故频发的根本路径。为改变矿工不安全行为高发这一现状,国家安全生产监督管理部门、科研院所和煤炭行业做出了许多研究。如国务院要求相关部门,对煤矿行业安全生产的专项治理,加大对煤矿安全的投入和监管力度;国家安全生产监督管理总局、国家煤矿安全监察局、国家安全生产应急救援指挥中心等机构也陆续出台了各项管理规章制度,派遣安全监察督导小组推动煤炭企业的安全生产工作;相关省份在落实国家及各部、局安全要求的同时,积极探索煤矿整合等推动煤矿安全管理的举措。同时,煤炭企业通过强化员工培训,建立井下人员定位、监控等六大系统,强制推动救生舱制度,不断引进国外先进的安全管理体系等方法措施,着力解决煤矿"三违"问题,以实现对煤矿人员不安全行为的有效管理和控制。这些努力对煤炭企业安全管理水平的提高起到了积极作用,但从近年来煤矿安全事故的发生数量和原因来看,不安全行为导致煤矿安全事故频发的问题还远未得到解决。因此,在对不安全行为的研究方法上也要有新的突破。

经济学的发展方向从依靠计算和公式的推理向结合不确定因素的研究发展。20世纪50年代冯·纽曼(Von Neumann)和摩根斯坦(Morgenstern)曾运用计算和公式的推理,建立了期望效用函数理论[2]。于是,理性的数学计算被确立为现代微观经济学的基础,学者的研究也更多地基于先进的数学工具来进行,这一思想也广泛地应用于公司治理、金融、投资乃至于对政治、法律、社会等问题的研究。

但是,现代经济学的依靠计算和公式的推理就意味着要以理性假设作为基础,理性假设无法确切完整地描述个体的行为,最典型的就是煤矿员工的不安全行为产生和传播。

赫伯特·西蒙(Herbert Simon)等人根据对消费者行为的研究提出了"有限理性"假说,提出在经济学研究中个体的决策不但会受到所处环境的影响,同时还受到个人素质的抑制,即使个体能够得出每一次决策的成本和收益,也往往无法做出收益最高的决策[3]。之后,很多学者将经济学与心理学结合,研究经济行为决策的产生机理,并尝试建立行为经济学的心理基础,而后就产生了前景价值理论等在行为经济学中比较有影响力的学说。这两者都是行为经济学中比较著名的理论。

行为经济学将传统的经济学与心理学相结合,主要研究在有限理性的情况下的决策,这一理论认为人的决策能力受到自身的身心素质的限制,当决策人处于信息匮乏的环境中,会同时受到环境的影响,而处在有限理性的决策状态。这与煤矿井下的工作环境是非常契合的,而且煤矿工人由于教育程度等原因在个人认知和决策上有其限度,所以行为经济学的假设可以用来研究不安全行为的决策。

与现代经济学类似,管理会计中也经历了类似"经济人"到"行为人"的发展过程,对人的行为的研究也是现代管理会计中不可或缺的一部分,包括会计决策等一系列细分学科都与人的行为息息相关。目前的企业行为决策研究大部分都集中在项目和高管决策上,以矿工为代表的基础员工的决策研究也势必是管理会计的一个发展方向。结合上述行为经济学的发展过程,目前会计中用来进行项目决策和投资分析的成本收益分析也可以进行学科交叉,从而拓宽这一分析方法的适用范围,为人的行为的研究打下基础。

按照学者贝克尔的观点,人类一切行为都蕴含着追求效益最优化和效用最大化的经济性动机,都有以尽量小的成本换取尽量大的收益的要求[4]。矿工不安全行为的发生,也是遵循该经济原理。由于煤矿井下工作环境封闭,矿工通常为了适应封闭的工作环境会表现出与其单独作业时不一样的行为方式,他们会形成一个存在频繁的、密切协作的工作群体,这样就在矿工之间形成了一个简单的社会网络,这些不安全行为就会在群体之间进行广泛的传播,这也成为矿难发生的重要原因。

由于重复性、传播性以及累积性等特性,煤炭企业在生产过程中发生的矿工不安全行为不能有效控制。由此得出,我国煤炭企业中对矿工不安全生产行为的治理已经成为公司治理中一项亟待解决的问题。工作场所出现的不安全行为会严重影响煤炭企业或组织的利益,其损害程度之深应引起煤炭企业管理者高度的重视。

本书在对矿工不安全行为和企业内部控制已有理论和文献总结的基础上,通过对 S 煤炭企业员工的实地访谈,基于内部控制理论探索出了矿工不安全行为的内部控制关键点,并据此提出研究假设。通过发放问卷对假设分别进行了验证。得出矿工不安全行为有五个内控点,分别为团队建设、风险感知、沟通渠道、安全监督和安全管理。运用相关的统计分析软件分别分析了五个内控点对矿工不安全行为的影响。分析结果显示:团队建设、风险感知、沟通渠道、安全监督和安全管理五个变量对矿工不安全行为均有显著影响。根据软件分析结果并结合内部控制相关理论向煤炭企业提出了应对矿工不安全行为的预防和控制措施。另外,本书探讨了不安全行为成本和不安全行为收益对不安全行为的影响关系,为煤炭企业了解员工工作情况,杜绝不安全行为,提供了可供参考的资料。本书从经济学的成本—收益角度出发,对矿工不安全行为决策的影响因素进行分析,再结合心理学理论对矿工不安全行为成本收益模型进行研究;在厘清矿工不安全行为产生的机理后,以复杂适应系统理论为基础,从多元利益主体的角度分析各个主体之间的相互关系,以及对矿工不安全行为决策的影响;并以博弈理论为基础,分析三方主体和四方主体的博弈策略及行为,力图寻找一个能够协调不同利益主体的利益关系;再通过仿真方法及案例分析进行实证研究,以此较为清晰地展现矿工行为决策的过程及行为趋势,也为煤炭企业在干预矿工不安全行为的产生方面提供了一种有效的管理方式。

1.2　研究目的及意义

1.2.1　研究目的

本书将 S 煤矿的矿工作为研究对象,对矿工不安全行为的影响因素进行深入系统的研究。通过文献资料分析、问卷调查等方式获取矿工不安全行为影响因素的基础数据,以此构建矿工不安全行为影响因素模型。通过统计分析,讨论矿工不安全行为影响因素模型中各个维度与矿工不安全行为的影响关系,最终提出对策措施。

1.2.2　研究意义

安全生产一直是煤炭企业的首要目标,煤炭企业因其作业需要和作业特点形成了以矿工为劳动要素的劳动密集型生产方式,矿工是煤炭企业占比最多的员工,是煤炭企业公司治理首要考虑的因素。同时,矿工引发的不安全行为具有一定的复杂性,又因个体是具有差异性的,个体本身就是一个最大的不确定因素。此外,由于个体的非线性聚集,使得个体管理成为复杂系统,要比对单个个体进行控制困难得多。因此,煤矿安全管理不能仅停留在矿工个体人员身上。一系列数据显示,矿工不安全行为广泛存在,并反复发生、屡禁不止。这种广泛存在于矿工中的不安全行为,并非单纯的个例或偶然发生,是一种长期性、习惯性的不安全行为,影响范围广且难以控制,给煤炭企业安全施工带来一定的困扰,更危及矿工的人身安全,限制了煤炭企业的发展,一定程度上违背建设和谐社会的根本目标。本书运用会计学中公司治理的内部控制分析方法,从煤炭企业内部控制的维度出发,分析得出了矿工不安全行为的内控关键点,提出假设,通过实证研究,确定矿工不安全行为内控点与矿工不安全行为的相关性,并提出相应的控制措施。本书为煤炭企业的矿工不安全行为内部控制提供了参考,故本书是具有重要理论意义和应用价值的科学探索。

(1) 理论意义

① 拓展成本收益理论。当前国内外学者对成本收益理论的研究主要集中在经济、教育投资、财政分配等方面,真正将成本收益理论与不安全行为结合的研究还不是特别多,而针对矿工不安全行为的成本收益的研究更少。因此,本书在一定程度上拓展了成本收益理论。

② 丰富了矿工不安全行为影响因素理论。当前国内外学者对矿工不安全行为影响因素的相关研究主要是从人-机-环-管四个方面出发的,从内部和外部影响因素这个角度进行思考的。本书基于成本收益分析理论,研究矿工不安全行为成本和矿工不安全行为收益对矿工不安全行为的影响关系。因此,本书在一定程度上丰富拓展了矿工不安全行为影响因素理论。

③ 丰富行为成本收益模型。当前国内外对行为决策的研究对象主要是单主体,未能考虑内部影响因素的相互性。本书基于复杂适应系统理论、多主体建模方法、行为经济学理论,从矿工、组织、管理者和环境多方面对不安全行为的模型进行构建。因此,本书在一定程度上丰富了行为成本收益模型。

④ 以管理会计和经济学常用的成本收益分析为出发点,结合行为经济学来建立模型,推进了管理会计中关于人的研究,拓宽了矿工不安全行为管理的跨学科理论研究的方向。

(2) 现实意义

旨在探究矿工不安全行为成本收益模型,研究成果将有助于预测矿工不安全行为的发展趋势,为煤矿安全管理和矿工不安全行为早期干预提供重要支持,提高不安全行为管理的及时性、有效性。可以减少和杜绝矿工的不安全行为,发现和控制危害安全生产的隐患,预防煤矿企业安全事故的发生,降低人因事故率,为提高安全生产管理水平提供可靠的依据。

为企业制定管理政策提供了思路。煤炭是我国的主要能源,是国民经济和社会发展的基础。煤炭在我国一次能源生产和消费结构中占 70% 左右,因此,必须确保煤炭工业持续、健康地发展,而实现煤矿安全生产的关键是人。所以,通过本研究,能够清楚地了解造成员工不安全行为的影响因素以及不安全行为带来的成本与收益,以减少员工不安全行为的发生,对改进我国煤矿企业管理能力具有一定的实践意义。

1.3　国内外研究现状

1.3.1　矿工不安全行为相关研究

（1）文献计量分析

本书选用 CNKI 中文期刊数据库作为数据来源,以"主题＝（不安全行为）and 主题＝（矿工 or 煤矿工人 or 井下员工）"为检索式,时间选取 2000 年 1 月 1 日到 2017 年 1 月 1 日,采用精确检索,共检出 320 篇文献。文献分类统计见表 1-2。

表 1-2　　　　　　　　　矿工不安全行为相关文献统计　　　　　　　　　篇

检索词	总库	期刊论文	博硕士论文	会议论文	报纸文献
矿工不安全行为	320	217	79	12	12

通过对文献进行甄别,剔除非学术研究性文献（如声明类、通知类、会议类、启示类等）,将剩余 296 篇有效文献作为数据样本,借助 Excel、SATI、UCINET 等统计分析工具及文献计量学方法,对文献数据样本进行统计分析。

① 文献量及其发展趋势分析。根据收集的文献数据样本,将文献数据导入 Excel 和 SATI 软件并统计分析,得出文献量的年度分布状况（图 1-1）。

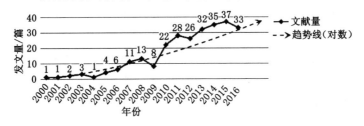

图 1-1　基于矿工不安全行为研究的文献增长趋势图

从图 1-1 可以看出,从 2000～2016 年的 17 年间,关于"矿工不安全行为"文献量的发展经历了 3 个阶段,其整体呈上升趋势。其中,2000～2004 年是该领域研究的基础阶段,每年论文量低于 5 篇,发展缓慢;2005～2009 年是该领域研究的平稳发展阶段,每年文献量稳定增长,体现我国学者开始重视此领域研究;

2010～2016 年是该领域的快速发展阶段,每年文献均高于 17 年间平均文献量〔文献总量/总年数＝15.47(篇)〕,在 2015 年达到历史最高峰,预计未来几年该领域文献量还会持续增长。

② 文献关键词及其可视化分析。利用 Excel 和 SATI 软件对关键词进行了统计和提取,将关键词的近义词加以合并,并去除与本领域无关的词语。整理后的关键词共 1 269 个,平均每篇文献 4.8 个关键词,说明研究范围较广。本书将抽取的关键词按出现的频次由高到低排列,限于文章篇幅,本书只列出词频≥6 次的前 22 个关键词,见表 1-3。

表 1-3　　　　　　　　　　高频关键词排名(词频≥6 次)

序号	关键词	频次/次	序号	关键词	频次/次	序号	关键词	频次/次	序号	关键词	频次/次
1	不安全行为	99	7	安全生产	19	13	安全	10	19	煤矿矿长	6
2	矿工	79	8	安全管理	18	14	违章行为	9	20	健康心理	6
3	煤矿	68	9	结构方程	15	15	事故分析	9	21	层次分析法	6
4	事故	28	10	安全培训	14	16	心理测量	9	22	政府监管	6
5	对策	22	11	安全心理	13	17	工作环境	8	—	—	—
6	影响因素	21	12	不安全心理	12	18	安全管理制度	7	—	—	—

表 1-3 所列出的各个关键词在文章中出现的频次较高,在一定程度上代表了矿工不安全行为的研究热点。为了更好地了解该领域热点,本书采用 UCI-NET 和 SATI 软件对论文关键词进行了共现统计,构建出共词矩阵,并通过 UCINET 内置的 NETDRAW 软件对文献关键词进行聚类分析,形成以关键词为核心,共现关系为连线的知识图谱,如图 1-2 所示。

由图 1-2 可以看出,不安全行为居于整个关键词共现网络的中心位置,与不安全行为紧密相连的有矿工、煤矿、违章行为及对策,说明这 5 个关键词在该领域中处于核心地位。同时还可以看出,网络图中不存在孤立点,每部分之间的关键词紧密相连,且在研究方法和应对措施部分整体分布比较均匀,说明矿工不安全行为领域知识连通性比较好,研究重点突出。

(2) 不安全行为的概念

纵观国内外关于不安全行为的概念很多,但仍没有明确的定义,国外学者 L. Rigby、A. D. Swain、J. Reason、J. Senders、Themes 等[5-9]也对人的不安全行为进行定义,把人的不安全行为分成三种,即人为的疏忽、错误和过失。Z. Q. Xu,H. Q. Wang[10]从事故频发角度出发,认为不安全行为是指易引发事故的行

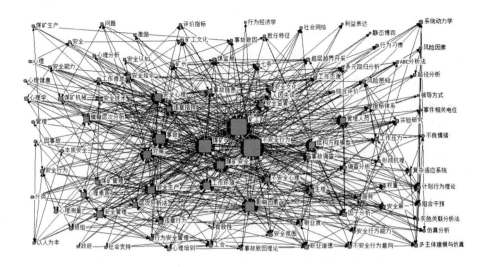

图 1-2 关键词知识图谱

为。国内学者孙淑英[11]认为不安全行为和人因失误不同,不安全行为是一种故意性的错误行为,与其心理特征不同。而人因失误分为随机失误和系统失误,随机失误不可预测,属于未知错误;系统失误表现为软件或硬件出现问题,导致人为失误。同时不安全行为与人因失误又有一定的联系,人的不安全行为是人因失误的表现,人因失误导致不安全行为的发生。李磊、田水承等[12]以矿工为研究对象,认为人的不安全行为与人因失误是一对概念,研究中不做明显区分。刘双跃、陈丽娜等[13]从安全心理学、系统安全、安全人机学角度出发,认为不安全行为与员工心理特征、心理状态息息相关。田水承、刘芬[14]等从计划行为学理论出发,认为矿工在作业中有意或无意违反安全制度的行为,称为不安全行为。李磊[15]针对不安全行为的描述突出偏离正常轨迹这一特征,将不安全行为定义为在操作过程中,行为发生偏离正常轨迹产生的不符合操作规范的偏差性行为。程恋军等[16]从安全监管力度的角度出发,将不安全行为的重点放在行为意向方面,认为安全意向与不安全行为之间存在有其他的影响因素,如安全监管力度等。本书的不安全行为主要集中在两个方面,一方面是人无意的失误,一般指员工因安全意识比较薄弱,不能意识到此行为将导致事故;另一方面是"有意"的失误,指因员工不遵守生产规定、不能按照正确的操作流程生产等行为引发的一系列安全事故。

（3）不安全行为的分类

在不安全行为分类的研究中,为了满足不同的要求,对不安全行为分类标准不一样。在行为操作上,国际劳工组织将不安全行为划分为六类,分别为:① 在无安全监督时,违规操作与忽视警告;② 用危险的速度操作设备和工作;③ 使用无安全保护措施的设备;④ 不正确使用工具,或者使用危险工具;⑤ 危险的装饰、配备、混用和连接方式;⑥ 在危险的地方工作和忽视安全的态度。与此同时,不同国家对不安全行为分类也不尽相同。美国国家标准协会 ANSIZ 16.2—1962 认定的不安全行为见表 1-4;日本劳动省认定的不安全行为见表 1-5;而我国《企业职工伤亡事故分类标准》(GB 6441—1986)[24] 对不安全行为进行了细化,见表 1-6。

表 1-4　　美国国家标准协会 ANSIZ 16.2—1962 对不安全行为的认定

序号	内　容	序号	内　容
1	未经允许进行操作	8	装载、放置不当
2	不报警,不防护	9	起吊不当
3	操作速度不符合规定	10	姿势不对、位置不正确
4	使用安全防护装置失效	11	在设备开动时维护设备
5	使用有损坏的设备	12	作业时恶作剧
6	使用设备不当	13	喝酒、吸毒
7	未佩戴个人防护用品		

表 1-5　　　　　　　日本劳动省规定对不安全行为的分类

序号	内　容	序号	内　容
1	使用安全装置无效	7	防护用具、服装缺陷
2	不执行安全措施	8	接近危险场所
3	不安全放置	9	其他不安全、不卫生行为
4	造成危险状态	10	运转失效
5	不按规定使用机械装置	11	错误操作
6	机械装置运作时清扫、修理等	12	其他

表 1-6　　《企业职工伤亡事故分类标准》(GB 6441—1986) 对不安全行为的分类

序号	内　容
1	操作错误,忽视安全,忽视警告
2	造成安全装置失效
3	使用不安全设备
4	手代替工具操作
5	物体(指成品、半成品、材料、工具、切屑和生产用品等)存放不当

序号	内 容
6	冒险进入危险场所
7	攀、坐不安全位置,如平台护栏、汽车挡板、吊车车钩
8	在起吊物下作业、停留
9	机器运转时调整等工作
10	有分散注意力行为
11	在必须使用个人防护用品用具的作业场合中,忽视其使用
12	不安全装束
13	对易燃、易爆等危险物品处理错误

对于学术界,国内外学者对不安全行为的分类,尚未提出明确划分标准,本书对不同学者的观点进行归纳,见表 1-7。

表 1-7   **矿工不安全行为分类**

代表学者	研究分类	研究内容
Swain(1983)	遗漏型	遗漏整个任务或遗漏任务中的某个部分
	执行型	选择失误、序列失误、时间失误或是完成质量失误
J. Reason(1990)[7]	非意向的	未经过太多考虑或漫不经心而发生的失误
	意向的	经过深思熟虑,但由于操作者因为其他原因对采取行动的后果认识不清而造成失误
周刚等(2008)[17] 田水承等(2014)[14] 车丹丹(2017)[18]	有意的不安全行为	明知不该犯而犯,具有一定目的性
	无意的不安全行为	不知道会产生危害而发生,强调无意识性
陈明利等(2012)[19]	功能性行为障碍	从业人员自身的原因发生的不安全行为
	知识性行为障碍	从业人员缺乏正确的安全技术知识发生的不安全行为
	适应性行为障碍	从业人员对生产过程中所面对的人员、机器以及作业环境等产生的各种不适应引发的不安全行为

综上可知,国内外学者对于人的不安全行为分类的研究,主要集中在人的事故倾向性和人的不安全行为在事故致因中的作用等方面。

(4)矿工不安全行为影响因素

由高频关键词排名可以看出,矿工不安全行为的研究热点分为两大块,即矿工的个人因素和煤矿的组织因素。热点 1 集中于矿工的个人因素,以矿工节点为中心,矿工心理方面为主要研究对象,包括矿工的心理素质[20]、工作态度[21]、安全认知[22-23]、矿工生理[24-25]、矿工技能[22,26]和矿工文化[22]等方面,属于不安全行为发生的内部因素。热点 2 集中于煤矿的组织因素,以煤矿节点为中心,安全管理方面为主要研究对象,包括安全管理制度[27-28]、管理人员行为[29]和政府监管[30],同时涉及矿工工作环境[31-33]、安全氛围[34]、安全文化培训[22]和机械设备[35],属于不安全行为发生的外部因素。

关于人的不安全行为的影响因素研究始于斯旺(Swain)的研究,他提出人的行为的因素会受到人的行为形成因子的影响,这一富有争议性的理论之后被完善为人的行为影响因子。1950 年之后,人的不安全行为的影响因素研究经历了较大的发展:

简·穆伦(Jane Mullen)对员工安全行为的影响因素做了定性研究,得出了员工不安全行为影响因素的层次,包括组织和社会两个层次[36]。

霍夫曼(D. A. Hofmann)和斯蒂泽(A. Stetzer)认为过长的工作时间导致倦怠程度进而影响不安全行为,同时还受到安全培训等因素的影响[37]。

加斯特略(P. Guastello)则认为,个体的素质、倦怠水平、风险感知敏感度等是导致不安全行为的主要因素[38]。

幸田(T. Kohda)等研究指出,对事故危害认识不足、企业安全管理匮乏等会造成个体的不安全行为[39]。

郭民将员工的不安全行为影响因素按照生产条件、工作任务性质、组织特征、组织承诺、关系特征等进行分类,通过层次分析法研究这些影响因素,结果表明,奖惩制度、管理体制、安全培训、工作时间的影响比较大[40]。

郭彬彬通过信度分析方法和探索性因子分析方法,建立了矿工的不安全行为的影响因素模型,通过模型得出,井下工作氛围对于抑制员工的不安全行为具有正面的效用,员工较低的学历等对于抑制员工的不安全行为具有反面的效用[41]。

梁振东通过因子分析方法和结构方程模型(SEM)方法,对采集来的问卷调查进行研究,得出事故教育、工作环境、安全知识储备、家庭环境影响不安全行为意向,其中学历水平、性格、工作环境、安全培训直接影响不安全行为的产生[42]。

田水承运用文献综述法,从内外两个层次归纳出 28 个影响因素,然后通过问卷分析,构建了不安全行为影响因素指标体系,并在层次内确定了权重[43]。然后通过分层关联分析方法,在不安全行为数据库中,研究了内外层次的影响度,其中外部影响因素比较大,在外部因素中,环境因素所占的比重最大[44]。

阴东玲通过人因分析和分类系统,从煤矿安全事故报告出发建立了员工不安全行为影响因素的贝叶斯网络,得出了员工缺乏准备是造成矿工不安全行为的最主要因素,生产计划不合规、监督不严和资源分配不均是造成矿工不安全行为的深层次因素,另外矿工工作状态对不安全行为的产生也有一定影响[45]。

韩豫研究人的不安全行为的外部特征、产生过程中的心理和行为变化以及影响因素,得出抑制不安全行为最关键方向是行为产生动机、行为实施难度、行为强化,另外,不安全行为的干预在生产队层面的效果较好[46]。

杨洁通过主成分分析的方法,将不安全行为的影响因素分为员工特征、资源管控和组织水平三大类,并利用结构方程模型对所构建的模型进行了仿真并得出不同的影响度,得出工作氛围对员工不安全行为的抑制作用最显著,队组交流的抑制作用则最薄弱[47]。

何刚利用网络层次分析法,从员工、队组、工作环境等方面,构建网络模型,并运用系统动力学软件计算各因素的权重,计算得出心理素质、队组氛围、合作模式和安全培训水平是最能抑制矿工不安全行为的因素[48]。

杨佳丽根据矿工产生行为时的主动与否将不安全行为分为两类,即非主动性不安全行为和主动性不安全行为。从行为态度、主观规范、风险控制三方面对主动性不安全行为影响因素进行仿真研究,并根据结果提出建议[49]。

国内外学者对于人的不安全行为影响因素的研究使得不安全行为在理论和实践两方面都经历了系统化的发展(表1-8)。由于井下工作的特殊性,矿工一直处在高强度而又紧张的工作氛围中,使得其行为决策受到客观环境、矿工间交流等各种因素的影响,具有很强的不稳定性,很多因素都会对矿工的行为决策产生影响。上级安排的工作、薪酬的高低、作业中的风险感知、队组队友、队长的领导风格、工作态度、教育水平与安全培训程度、性格等,都是影响矿工不安全行为的重要因素。综合上述研究来看,薪酬的高低、工作氛围、安全培训水平和矿工性格是公认比较重要的影响因素,因此,诸如建设良好和谐的团队氛围,加强安全培训等措施需要进一步的研究,以便于煤矿企业的安全管理。

表 1-8 　　　　　　　　　　　　　　不安全行为影响因素

影响因素	代表学者	研究内容
内部影响因素	Y. H. Uen 等(2008)[50]	个体生理因素
	A. I. Glendon 等(2011)[51]	心理因素
	C. L. Pan 等(2014)[52]	
	J. Visagie 等(2014)[53]	员工处理关系的能力
	李英芹(2010)[54]	生理因素、心理因素、人机匹配因素、安全管理、安全文化、生活重大事件
	梁涛(2013)[55]	心率、肌电、频率、皮肤温度以及呼吸深度的测试

续表 1-8

影响因素	代表学者	研究内容
内部影响因素	李红霞,任家和(2017)[56]	心理状况、生理疲劳、安全态度、安全意识、安全知识、安全技能、工作满意度、工作压力
	王心怡(2013)[57] 田水承等(2011)[58]	安全知识、安全意识和安全习惯是引起组织个体的不安全行为和不安全状态的因素。自我控制、自我构念在安全规范和安全行为意图之间的关系中起到了调节作用
	田水承等(2005)[59]	各年龄及工龄段、各种文化程度的职工与事故发生的关联度
	曹庆仁等(2007)[60] 张玉婷(2015)[61] 赵泓超(2012)[62] 王莉(2015)[63]	心理因素是影响煤矿选择不安全行为的重要因素,其中包括矿工工作倦怠及安全倦怠
	陈冬博(2015)[64]	聚焦于矿工敬业度方面,针对其工作投入、组织认同及工作价值感三个维度进行深入分析
外部影响因素	薛韦一等(2014)[65] 曹庆仁等(2012)[66]	安全投入程度是煤矿员工行为方式的主要影响因子和原因因子,管理者行为影响因子均为其原因因子,管理者的行为方式对企业安全状况有较大影响,同时对矿工安全知识和安全动机产生影响
	田水承,薛明月等(2013)[43]	工友沟通,安全激励,安全培训,工作环境,人际环境
	胡艳,许白龙(2014)[67]	工作环境,工作安全感
	阴东玲,陈兆波等(2015)[45]	运行计划、监督水平、资源管理
	陈卓(2017)[68]	领导承诺、风险意识、工友影响、工作环境
	成家磊,祁神军,张云波(2017)[69]	安全氛围,安全教育,安全培训
	K. A. Wilson-Donnelly 等(2005)[70] S. L. Morrow 等(2010)[71] J. Bosak(2013)[72] P. O'Connor(2011)[73]	提出了组织应该采取宏观措施(比如进行管理监管、设计安全体系、程序规则、进行培训教育、加强风险意识)来改善工作场所的安全
	陈沅江等(2016)[74]	员工行为选择是经由外部刺激而做出的价值判断的结果
	B. M. Kunar 等(2008)[75]	煤矿工作中工作危险因素有恶劣工作环境、地质岩层控制等均与事故相关联

影响因素	代表学者	研究内容
外部影响因素	A. Neal 等(2000)[76] D. Zohar 等(2003)[77] 叶新凤(2014)[78] M. Brondino 等(2012)[79]	提出通过安全氛围,组织因素可以对安全行为产生一定的影响,而安全氛围对安全行为的影响部分是通过安全知识和动机表现的观点
	张舒(2012)[80]	社会因素对管理者安全行为的影响作用为正相关,同时,企业管理者安全行为对企业安全行为绩效的影响作用为正相关
	李磊等(2016)[81]	违章惩罚对不安全行为意向的影响最大,工作压力对不安全行为后果的影响最大
	S. L. Morrow(2010)[82] J. Visagie(2014)[83]	安全管理、同事间安全行为、雇主与员工之间的信任关系

由近年来国内外相关文献的梳理可知,在对矿工不安全行为影响因素的分析中,在内部影响因素中,矿工自身的心理因素的影响较为重要,而在外部影响因素中,管理者的行为以及安全氛围对矿工影响比较重要。

(5)不安全行为的对策

对不安全行为对策的研究,许多学者通常从人-机-环-管四个方面进行分析,结合对不安全行为影响因素的研究,本书将从内部和外部两个方面对不安全行为的对策进行研究。

孙成坤等通过行为安全控制方法,对煤矿行业不安全行为管理对策进行分析,构建了安全行为控制模型。针对煤矿安全事故产生的源头,各层次原因指出相应的解决对策[84]。

刘超通过量表分析得出各因素与不安全行为的权重,然后提出了构建"自我安全型矿工",提升矿工的整体素质,以"5S"为基础,提升企业的安全环境,以"不安全行为纠错",提出企业事故管理的几点措施[85]。

梁振东从不安全行为的概念出发,分析了矿工、机械设备、井下环境、队组管理等因素,根据分析结论,从这四个方向提出了适宜煤矿企业安全生产管理的建议[86]。

张乐提出矿工层面的管控是安全生产的前提,结合煤矿的实际生产和不安全行为产生现状,依次从公司、班组、年龄等对矿工行为进行分析,构建了风险预控管理体系[87]。

李磊利用网络层次分析法(ANP),对不安全行为的影响因素之间进行比较分析,提出健全煤矿安全文化建设、增加安全教育水平、培养良性的队组氛围、定期体检和心理疏导等建议[12]。

尉智伟从事故致因理论出发,结合 HSE 管理体系提出对策,包括保持矿工间的良好交流,构建企业安全体系等措施,并指出一切目标就是让煤矿保持优良的安全生产水平[88]。

马彦廷根据神宁集团公司的生产记录,研究了抑制矿工主动性不安全行为的心理原因,并提出了抑制主动性不安全行为的最佳建议[89]。

刘伟华根据系统安全分析方法,利用数据库工具,构建了员工不安全行为抑制对策数据库,通过这一数据库,企业可以进行员工安全培训,以提升员工对不安全行为危害的认识,从而达到对员工不安全行为管控的目的[90]。

郑莹将心理学和管理学结合,通过文献法、调查问卷等研究方法,从矿工的行为决策、心理承受能力、关系影响和工作氛围等方面对矿工行为决策的影响进行研究,正向因素中,不安全行为的个人心理因素有心理倦怠、侥幸心理等八种;关系影响有同事、配偶等六种;工作氛围有井下环境和生活环境等。同时提出了健全安全监管机制和改进工作氛围等措施[91]。

矿工不安全行为对策研究见表 1-9。

表 1-9 矿工不安全行为对策研究

	代表学者	研究内容
内部措施	W. H. Sigurd 等(2014)[92]	加强对管理者的安全培训,提高管理者综合素质和管理能力
	Liu Jianhua, Song Xiaoyan(2014)[93]	从情感、人性等方面加强以人为本的家庭管理,加强员工行为养成训练,注意行为观察和反馈
	Nie Baisheng 等(2016)[94]	加强对矿工的心理辅导和培训,提高矿工自我调节能力,消除矿工不安全心理
	赵泓超等(2014)[95]	通过安全心理援助与培训消除员工不安全心理,对员工安全心理进行完善的、系统的帮助和指导
	杨佳丽,栗继祖等(2016)[96]	行为态度优化、主观规范优化与知觉行为控制优化是降低矿工不安全行为的 3 个有效手段
	田水承,杨鹏飞等(2016)[97]	加强矿工不良情绪管理,有利于减少矿难事故发生
外部措施	Tian Bao Sheng 等(2011)[98]	加强技能教育,优化组织管理
	Gao Sheng Yang,Jie Ju (2013)[99]	加强安全教育和培训是培养安全行为习惯最重要的因素
	安宇,张鸿莹等(2011)[100]	对管理方法进行改善,改变过去单纯"以事故定胜负"的模式,重视过程激励,实行差别激励
	李磊等(2011)[101]	提出要加大安全投入,创造良好的工作环境,改善工作场所的照明,减少粉尘和噪声的影响,创造适宜温度
	李凯(2011)[102]	提出从组织控制、环境控制和过程控制三个层面的矿工不安全行为的控制措施
	刘双跃、陈丽娜等(2013)[13]	对不安全行为进行针对性的安全教育,能够有效地控制不安全行为的产生

综上可知,发现矿工不安全行为对策的研究主要分为内部措施和外部措施两个方面,其中内部措施主要是从个人方面入手,如心理、生理等;外部措施主要是从企业方面入手,如组织管理、安全管理、安全教育、安全文化等。但大多数措施在执行过程中缺乏可操作性,在一定程度上影响其实施效果。

(6) 研究方法

通过对关键词知识图谱进一步观察,不难发现学者为了更好地对以上因素进行深入研究,采取了跨学科式的研究方法。其中涉及社会学、经济学、运筹学、行为经济学、心理学、组织行为学等,而常见的研究方法有结构方程模型法[29]、层次分析法[95]、计划行为理论[14]、行为安全管理[103]、脑电分析[104]、生理记录仪分析[105]等,见表1-10。

表 1-10　　　　　　　　　　　　不安全行为研究方法

方法	研究内容
结构方程模型[29]	以煤矿矿工为对象进行问卷调查,采用结构方程模型(SEM)验证假设,个性化关怀、愿景激励和领袖魅力对自主安全动机具有正向影响
层次分析法[95]	将煤矿井下常见的不安全行为进行分类,确定了由 7 个一级因素和 21 个二级因素构建的矿工不安全行为后果严重程度层次分析法(AHP)模型
计划行为理论[14]	为进一步解释和预测矿工的不安全行为,寻求有效的干预对策,基于计划行为理论(TPB),引入工作压力和风险倾向 2 个变量,提出了矿工不安全行为的假设模型
行为安全管理[103]	在探讨煤矿行为管理存在的问题基础上,将行为安全管理方法(BBS)应用到煤矿行为管理。通过分析 BBS 方法原理与工作机制,设计 BBS 在煤矿中的实施流程
脑电分析[104]	采用 ERPs 实验对实验对象疲劳前后脑电信号指标进行测量,发现疲劳导致注意力下降,反应时间增长,易出现不安全行为
生理记录仪分析[105]	学者通过实验研究测试相关生理指标变化,观察行为的异常。通过测试脉压、心率、体温等生理指标,得出应急心理活动对不安全行为的影响

由此可见,学者通过多种研究方法对单因素或多因素进行分析,量化相关因素,并构建理论模型,更加科学体现出相关因素与不安全行为产生的机理。然而,大部分模型注重对不安全行为内在因素(智力、能力、情绪、态度)的测量,忽视了外在因素(组织、环境、管理、安全文化)的测量。

1.3.2　内部控制相关研究

(1) 内部控制相关文献计量

本书以 CNKI 中文期刊数据库为数据源,检索条件为:"(主题=内部控制)"

来搜索,通过准确的搜索,文献总数为 198 464 篇。文献分类统计见表 1-11。

表 1-11   **内部控制相关文献统计**   篇

检索词	总库	期刊论文	博硕士论文	会议论文	其他
内部控制	198 464	159 621	15 722	3 349	19 772

根据收集到的文献数据,将数据导入 Excel 和 SATI 软件,得出文献量的年度分布状况,如图 1-3 所示。

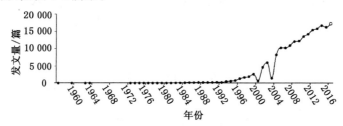

图 1-3   内部控制相关文献的总体趋势

从图 1-3 可以看出,内部控制研究文献总体呈上升趋势,其中 2000 年至 2005 年期间呈波浪状变化,幅度较大,2005 年至 2016 年持续增长(17 240 篇),预计 2017 年以后继续呈增长趋势。该研究方向一直是热门话题,值得我们深入研究。

从图 1-4 可以看出,关键词为"内部控制"的文献篇数最多,其次是"对策"、"财务管理",一般涉及的是财务风险的范畴,但涉及"行为"以及"矿工"的文献较少。所以对矿工不安全行为的内部控制进行研究是有意义的。

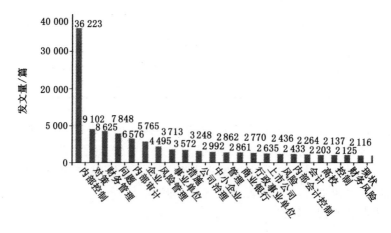

图 1-4   内部控制文献关键词分布图(部分)

（2）内部控制的研究现状

内部控制理论在西方的发展可划分为内部牵制、内部控制、内部控制制度结构和内部控制整体框架四个阶段。1992 年，美国科索委员会（COSO）发布《内部控制整合框架》[106]，提出内部控制五要素，即控制环境、控制活动、风险评价、监督、信息与沟通，标志着内控理论进入整体框架阶段；2004 年正式颁布了《企业风险管理—整合框架》[107]，拓展了内部控制，更广泛地关注企业风险管理领域。

而我国内部控制理论的研究与相关规范的出台比较晚。2008 年，我国财政部、审计署、证监会、保监会、银监会五部委联合发布了《企业内部控制基本规范》[108]；2010 年上述有关部门又联合发布了《企业内部控制评价指引》[109]，从而标志着我国企业内部控制法制化体系已初步形成。

我国在内部控制方式上，主要是把内部控制同公司治理相结合起来研究。古淑萍[110] 从内部控制与公司治理的概念、内涵、相互关系，剖析了我国企业内部控制与公司治理的现状以及存在的问题，提出了完善内部控制与公司治理的思路和建议，包括：完善公司治理结构；完善董事会和监事会的工作制度，加强董事会的规范运作，提高监事会的监督水平和能力；制定适合企业实际情况的各项内部控制制度，特别是财务管理制度，以及具体实施细则、操作规程、作业程序等，明确控制和考核标准，加强监督和考核，督促员工严格执行各项管理制度和规定，实现经营目标。冯均科等[111] 从产权结构的视角研究内部控制的效率，研究认为，不同产权结构下的内部控制具有不同的效率。因此，应针对不同的产权结构，改善公司的治理结构，设计有针对性和差异化的内部控制制度，以提高内部控制效率。杨有红[112] 认为，要克服内部控制的固有局限性，要通过加强公司治理与内部控制的对接来解决，公司治理的创新是实施对接的主要办法，公司治理的创新主要包括如下内容：从构建公司治理机制的角度确立董事会在内控建设中的核心地位；切实发挥监事会的作用，建立反向监督机制，为内部控制制度的实施保驾护航，提供保证；在公司治理规范中必须对内部控制的构建提出基本的要求。近年来，一些学者从系统论的视角和方法探讨内部控制问题。如谷祺等[113] 探讨了内部控制系统的三种控制机制，即制度控制、文化控制和市场控制，并分析了三者的相关关系。许永斌等[114] 从系统观和整体效率的视角研究内部控制的理论体系，提出了较为完整的内部控制概念体系，并重新界定了企业内部控制内涵、性质和范围。杨周南等[115] 认为内部控制是一项系统工程，提出用工程学的方法将内部控制的理论和实践相结合。樊行健等[116] 运用马克思主义认识论，按照从具体到抽象、从抽象再到具体的思维方式，通过对美、英、加等国内部控制的横向比较，揭示企业内部控制的个性，对我国企业内部控制体系建设进行反思，将企业内部控制定义为：企业董事会、管理层和其他员工在一定的控制环境下，通过履行牵制与约束、防护与引导、监督与影响、衡量与评价等职能,旨在实现企业报告的可靠性、法律的遵循性、经营的效率性、资产的安全性和发展的战略性等目标而发生的一项企业管理活动。

1.3.3　成本收益分析的研究

（1）成本收益分析的定义

成本收益分析法是一个跨学科概念,在会计学中的财务会计、财务管理和管理会计中都有多种计算方式,这些方式被广泛应用于企业经营、投资和分析中,许多经济主体在决策时需要借助这一方法。传统经济学认为,个体均是自私自利的,个体的行为决策目标之一是追求最大的收益,也就是说经济行为中,个体往往会基于成本收益分析的结果来进行最优决策,在经济学的适用范围扩大后,成本收益分析也发展到社会生活和生产生活中个体的行为研究的层面。成本收益分析关于个体行为的探讨,始于心理学研究,近年来被研究者交叉应用到了管理会计等领域中。

早在 1902 年,美国通过的《河流与港口法》中就提出成本收益分析方法,该法律明确规定:"工程师应当考虑工程的现有数量与性质或涉及的经济利益,以及这些工程相关的最终成本和相关的商业利益。"此规定可以看作是关于成本收益分析的最早规定[117]。

1936 年,美国国会制定的《防洪法案》要求行政机关在防洪工程中要衡量收益与成本,该法律规定"防洪获得的收益要大于估算的成本",此规定进一步具体化了成本收益分析方法。此后,该方法开始逐渐流行,并随着国内外学者的不断研究,其内涵越来越丰富[118]。

成本收益分析是根据投入产出原理,按照统一标准建立模型,将企业投资决策中的方法应用于分配领域,以此成为支出决策的依据。如果回报大于成本,就意味着经济上是可行的;如果收入低于成本,就意味着经济上是不可行的。由于成本收益分析的理论假设是以利润最大化为目标的"理性经济人"[119],所以他们的行为总是朝着把利润最大化的成本降到最低或成本下的固定收益变为最大这两个方向发展。

（2）成本收益分析的文献计量

本书以 CNKI 中文期刊数据库为数据源,"主题＝（成本收益分析）and＝主题（行为）"来搜索,选择时间为 2006 年 1 月 1 日到 2017 年 12 月 1 日,通过准确的搜索,共有 827 篇文献。文献分类统计见表 1-12。

表 1-12　　　　　　　　成本收益分析相关文献统计　　　　　　　　　篇

检索词	总库	期刊论文	博硕士论文	会议论文	报纸	其他
成本收益分析,行为	827	342	461	19	1	4

根据知网收集到的文献数据,得出文献量的年度分布状况如图 1-5 所示。

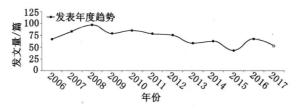

图 1-5　成本收益分析研究文献的趋势[7]

从图 1-5 可以看出,成本收益分析研究文献总体呈下降趋势,2008 年的文献数量最大,之后呈波浪状缓慢下降。虽然目前看来,该研究方向不是热门话题,但仍有值得研究的地方。

从图 1-6 可以看到,学科为"企业经济"和"宏观经济管理与可持续发展"的文献篇数最多,其次是"金融"、"农业经济";从图 1-7 可以得知,关键词为"成本收益分析"的文献篇数最多,其次是"成本"、"成本收益"。可见,对该方向的研究一般涉及的是经济学领域,很少涉及会计、行为领域,所以对于行为的成本收益研究仍然值得我们探讨。

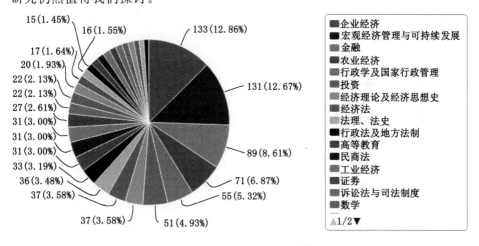

图 1-6　学科分布(部分 1)[7]

(3) 成本收益分析的研究现状

1940 年,美国经济学家尼古拉斯·卡尔德和约翰·希克斯在研究前人成本收益理论的基础上,形成了卡尔德-希克斯准则。也就是在这一时期,成本收益分析开始逐渐应用到各生产和公共社会活动中。之后随着经济的发展,人们日益重视投资,重视项目支出的经济和社会效益。这就需要找到一种能够衡量成本与效益关系的分析方法。以此为契机,成本收益在实践方面得到了迅速发展,

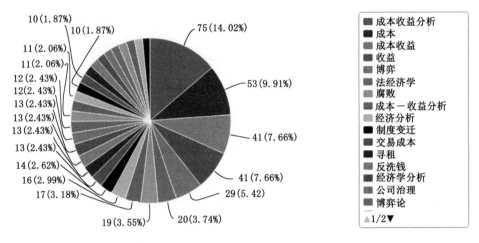

图 1-7　关键词分布(部分 2)[7]

被世界各国广泛采用[120]。

1992 年,美国教授贝克尔(Becker)博士提出,成本收益模型可以解释和预测人类的行为[121]。关于成本收益分析行为的应用,最早运用于心理学,罗默(D. Romer)和贾米森(P. Jamieson)最早运用该方法来探究青少年的冒险行为,研究指出由于 12~18 岁的青少年对冒险行为的收入预估大于成本预估,从而导致冒险行为的发生[122]。

罗伯特·布伦特(Robert J. Brent)则从生产实践领域应用这一方法,他认为成本收益分析是基于最大化收益多于成本现值的理论建立的,如果收益值大于成本值,则项目可行。同时引入净现值概念,将未来的收益进行贴现,用现值对二者进行比较,净现值大于零,则项目可行[123]。

巴里·怀特(Barry A. B. White)和朱迪·坦普尔(Judy A. Temple)运用成本收益分析方法对芝加哥 1 539 名出生于 1979~1980 年的低收入家庭儿童的生命历程进行调查,结果表明有效干预青少年行为可以降低青少年犯罪[124]。

乔安娜·谢泼德(Joanna Shepherd)和保罗·鲁宾(Paul H. Rubin)借鉴本瑟姆(Bentham)和贝卡里亚(Beccaria)学者著作,对个体犯罪行为进行成本收益研究,表明犯罪行为成本小于犯罪行为收益是驱使个体实施犯罪行为的最主要动机,该方法为犯罪行为研究扩展了研究思路[125]。

吉恩·保罗·查瓦斯(Jean Paul Chavas)分别从个人层面和社会层面对食品不安全行为进行研究,发现食品不安全行为的成本比较低,其存在巨大的净收益,这就要求食品监管局加大监察水平,提高打击力度,减少食品不安全行为[126]。

帕森斯(J. T. Parsons)等指出青年对成本收益的感知会影响他们在无保护

性行为上的态度[127]。

国内学者同样对行为的成本收益分析进行研究,李战奎和梁昊基于成本收益分析视角对高校学术不端行为进行研究,表明由于现存的学术制度存在高收益、低成本、信息不完全等特点,导致学术不端行为频发,该行为必须通过弱化"经济人"属性、减少收益、增加成本、公开信息等手段给予解决[128]。

何舒扬以企业利益为出发点,探讨因企业收益与企业成本的变化而导致企业信用行为变化的一系列影响因素,研究表明企业收益大于企业成本容易导致企业失信行为[129]。

付全通基于行为经济学理论,提出矿工不安全行为的概念模型: $EV = \pi \times P \times v \times (\triangle NR)$,$\triangle NR = NR - R$,其中,$EV$ 为矿工采取不安全行为的预期总值,π 为决策权重函数,P 为监察力度,v 为价值函数,$\triangle NR$ 为不安全行为净收益,NR 为不安全行为收益,R 为安全行为收益,该模型更全面地考虑了矿工工作环境的复杂性以及自身条件的局限性[130]。

杨桂兰和刘蕾运用经济学分析方法,从行为成本与收益角度出发,分析智能手机和社交网络给大学生带来的影响,研究认为大学生使用智能手机和社交网络带来的好处大于带来的坏处,这也是大学生使用智能手机和社交网络的原因[131]。

林梦莲以天津市具体情况为例,对"毕业读研"和"毕业就业"两种投资方案进行成本收益分析,研究表明就天津市 2014 级本科毕业生而言,他们做出硕士研究生教育投资的预期收益大于成本,因此他们在本科毕业后做出硕士研究生教育投资是有利可图的,其硕士研究生教育投资决策是理性的[132]。

邓凯运用成本收益分析法,以预测经济学的理论视角对中国政府信息公开制度的成本及收益构成进行计量,得出公开信息会有损于政府利益,政府自身利益的减损意味着政府无法以最小限度的资源消耗换取最大化的经济收益[133]。

阮媛和吴明运用消费行为学、行为经济学相关理论,探讨了吸烟者的决策机制及影响因素,研究表明吸烟者是否吸烟在很大程度上取决于吸烟收益的大小[134]。陈浏同样对吸烟者的成本收益进行分析,证明了上述研究观点,并提出只有从收益和成本两方面共同发力,我国的控烟事业才能得到持续改善[135]。

王卉竹对贪污贿赂犯罪行为进行研究,发现犯罪人行为符合经济学的"经济人"假设。在这一前提下,通过提高贪污犯罪成本,降低其收益,可以有效预防贪污贿赂犯罪[136]。

吴克明认为从成本收益分析的角度看,某个行为是基于该行为的预期收益大于其预期成本的理性选择[137]。

余凌志从参与主体的成本收益分析出发,建立了经济适用房"转售为租"这一经济行为中个体的成本收益模型,利用正式和非正式两种机制的作用,调整个体的期望成本和收益,从而为政府政策的实施提供建议[138]。

张雄则关注了农民的农用地使用权的问题,他在问卷调查的基础上,利用成本收益分析法中的多种计算方法来计算农民个体权利使用的成本和收益[139]。

李宝库用博弈论的方法,结合成本收益研究了在外包式售后服务中制造商、经销商和消费者三个环节,以时间角度计算了各主体的相应决策的成本收益[140]。

张景星基于成本收益模型,通过实证分析得出了刑罚在应对电信诈骗犯罪时的现实困境,并针对现状提出了建议来应对日益猖獗的电信诈骗现象[141]。

刘亚洲将成本收益方法与多元 Probit 模型结合,探讨选择行为的影响因素[142]。

汪博宇基于"使用与满足理论"和"交易成本理论"构建的成本与收益模型表明,交友成本与收益曲线的交点决定了中学生的互相交友程度[143]。

1.3.4　行为成本收益

（1）文献计量分析

本书选用 CNKI 中文期刊数据库作为数据来源,以"篇名 or 关键字＝（成本收益）and 主题＝（行为）"为检索式,时间选取 2000 年 1 月 1 日到 2017 年 1 月 1 日,采用精确检索,共检出 460 篇文献。文献分类统计见表 1-13。

表 1-13　　　　　　　　行为成本收益相关文献统计　　　　　　　　　篇

检索词	总库	期刊论文	博硕士论文	会议论文	报纸文献
行为成本收益	460	314	126	9	11

通过对文献进行甄别,剔除非学术研究性文献(如声明类、通知类、会议类、启示类等),将剩余 440 篇有效文献作为数据样本,借助 Excel、SATI、UCINET 等统计分析工具及文献计量学方法,对文献数据样本进行统计分析。

① 文献量及其发展趋势分析。根据收集到的文献数据样本,将文献数据导入 Excel 和 SATI 软件并进行统计分析,得出文献量的年度分布状况(图 1-8)。

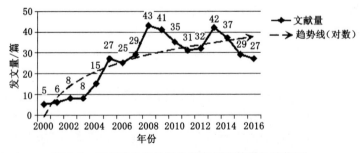

图 1-8　基于成本收益行为研究的文献增长趋势图

从图 1-8 可以看出,从 2000～2016 年的 17 年间,关于"行为成本收益"文献量的发展经历了 3 个阶段,其整体呈上升趋势。其中,2000～2003 年是该领域研究的基础阶段,每年论文量低于 10 篇,发展缓慢;2004～2008 年是该领域研究的快速发展阶段,每年文献量快速增长,体现我国学者开始重视此领域研究并取得丰富的研究成果;2009～2016 年是该领域的平稳发展阶段,每年文献量均高于 17 年间平均文献量(文献总量/总年数＝440/16＝27.5),预计未来几年该领域文献量还会持续增长。

② 文献关键词及其可视化分析。通过利用 Excel 和 SATI 软件对关键词进行了统计和提取,将关键词的近义词加以合并,并去除与本领域无关的词语。整理后的关键词共 1 831 个,平均每篇文献 4.2 个关键词,说明研究范围较广。本书将抽取的关键词按出现的频次由高到低排列,限于文章篇幅,本书只列出词频≥6 次的前 24 个关键词,见表 1-14。

表 1-14　　　　　　　　　高频关键词排名(词频≥6 次)

序号	关键词	频次/次	序号	关键词	频次/次	序号	关键词	频次/次	序号	关键词	频次/次
1	成本收益	162	7	企业	15	13	循环经济	8	19	影响因素	7
2	博弈分析	41	8	反洗钱	15	14	激励	8	20	经济学	7
3	制度	23	9	商业银行	14	15	经济分析	8	21	委托代理	7
4	腐败	17	10	收益	11	16	演化博弈	8	22	政府规制	7
5	成本	17	11	对策	10	17	理性	8	23	机会主义	6
6	农户	17	12	政府行为	10	18	循环经济	8	24	经济人	6

表 1-14 所列出的各个关键词在文章中出现的频次较高,在一定程度上代表了行为成本收益的研究热点。此外,从表中可以看出行为成本收益的研究热点主要分为四大块,即行为主体、研究内容、研究方法和对策。行为主体中常以理性经济人为中心,将研究对象分为个人(农户、农民工、政府干部)或组织(企业、金融机构、政府),并对于不同主体的行为进行研究。其研究内容有农户养殖行为、农民工进城行为、政府干部腐败行为、企业投资行为、金融机构行为及政府行为等的成本收益分析。为了对以上行为的致因因素进行深入研究,学者在以成本收益理论为基础上,采用多元线性回归模型、二元 Logit 模型等分析相关因素,并进行博弈分析及演化。

(2)行为成本收益研究内容

由上可知,成本收益分析被用于多种行业、多种经济活动中,是各种经济主体在制定经济决策时需要考虑到的一个环节。该部分对常见研究以行为主体为单主体(个人或组织)或多主体(个人和组织及其他)进行分类,并对其行为研究内容进行综述。

　　① 单主体行为。大部分研究常对单一主体的行为成本收益进行分析,其包含个体行为(大学生、干部、农户、高中生等)和组织行为(企业、银行等),见表1-15。

表 1-15　　　　　　　　　　单主体行为成本收益研究

单主体行为	具体行为	成本因素	收益因素
个体行为成本收益研究	大学生逃课行为[144]	经济损失、知识成本、惩罚性成本、其他成本	知识性收益、经济性收益、娱乐性收益、其他收益
	干部腐败行为[145-146]	法律的制裁、被发现的概率、党政机关的制裁、社会评价的降低及精神、时间、心理压力	贪污所得的财物、受贿所得的财物以及其他物质性收益和非物质性收益
	养殖户行为[142]	家庭劳动力数、家庭内兼业比重、养殖规模、生猪养殖模式虚拟变量	是否有母猪死亡政府补贴、是否有生猪死亡政府补贴、保险费用支出
	高中生弃考留学[137]	显性成本为学费和生活费等,隐性成本为接受国外高等教育所带来的收益	就业的薪资,丰富生活阅历、增长人生见识等
	矿工行为[130]	劳动成本,机会成本,惩罚成本:① 罚金;② 停止工作所损失的收益;③ 违章被吊销执业资格或不能从事现有工作所带来的成本;④ 其他成本,如由于违章而得不到奖金的成本等	工资收入
	农民外出就业行为[147]	流迁费用和生存费用,当地务工所获收入	工资收入,福利收入
组织行为成本收益研究内容	企业绩效管理[148]	资金投入、团队稳定、相关机构建设	管理水平的提升、员工工作积极性提高、企业运营状态改善
	食品安全犯罪[149-150]	惩罚成本,直接投入的人力和物力成本,机会成本	含物质性收益和精神性收益
	银行发信用卡行为[151]	运营成本、营销成本、风险成本和资金成本	利息收入、商户佣金收入、年费收入、增值服务收入、手续费收入、惩罚性收入
	企业担保行为[152]	担保风险	上市公司融资便捷性收益,控制人的控制权私有收益

由上表可知,单一主体行为成本收益的研究内容主要集中在直接成本、机会成本、惩罚成本、物质收益和精神收益,但忽视了其他主体对其影响,如干部的贪污腐败也应考虑政府的反贪污成本收益分析[153]。

② 多主体行为。部分学者对个体行为研究的同时也从组织角度进行分析,在考虑个体自身价值的最大化的同时也实现组织资源的优化配置。

徐挺[154]在对高校人力资源流动成本收益模型探究中,从人才个体的角度来看,当人才个体预期流动到新的环境,可以获得的收益大于在流动中所耗费的成本,并且人才个体预期在新环境中所获得净收益的相对效用大于原环境时,人才个体才会选择进行流动;从组织的角度来看,当人才从人才集中的地方流动到人才稀缺的地方,人才稀缺地方的人力资源边际收益虽然会降低,但是由于人才的流入,在技术创新、先进理念甚至项目资金等方面为他们带来巨大的收益。而对于人才集中的地方,随着部分人才的流出,他们的人力资源边际收益会逐渐提高,同时随着闲置人才的流出,资金、仪器设备等的利用效率将会得到提高,有效解决人才闲置、浪费的问题。

石忆邵等[155]对上海市农民工市民化进行成本与收益分析,一方面从政府角度出发,通过分析上海市市民化率与经济增长的长期均衡关系,对农民工市民化对于上海经济产值整体增加量进行定量测算,发现上海市农民工市民化可计量的经济性收益远高于政府需要支出的公共成本。另一方面从农民工角度出发,构建农民工市民化个人收益模型,通过测算表明,个人的收益均高于相应的成本,进而提出实现社会与个人发展的双赢局面。

由上可知,多主体的行为成本收益分析更加完善,弥补了单主体行为分析的不足。此外,多主体行为成本收益追求的各主体均达优化均衡,也为管理者的合理制定制度提供了参考价值。

(3) 行为成本收益模型

传统经济学中的"理性人假设"模型是关于个体行为决策最具代表性的整体模型,这个模型要求经济交往中的个体对其所面临的资源束具有满足完备性和一致性的稳定偏好序,然后个体按照定义在该偏好序上的效用函数进行决策,以满足效用函数的最大化。在此基础上,新古典经济学构建出了消费者理论、厂商理论、一般均衡理论,并进一步派生了整个西方经济学理论体系。随着博弈论和信息经济学的发展以及新古典经济学理论体系的改进和完善,"理性人假设"也同步得到了扩充,除了偏好的稳定性,博弈中的个体对其自身所处的环境和拥有的信息具有无偏的、满足贝叶斯修正法则的信念体系,同时在与他人进行交互时他们还具有符合逆向归纳思维的完美推理能力,做出决策时既不受外界环境的影响,又不受自身情感的作用。

赫伯特·金蒂斯(Herbert Gintis)[156]将上述假设概括为 BPC-Mode,而该行为决策模型中最为关键的两个元素为偏好和信念。具体来说,偏好是行为的理由,信念是行为的依据,约束是行为的限制条件,个体在既定偏好和信念的基础上,在物质预算和信息条件的双重约束下,依赖逻辑推理和最优化思维,做出自己的经济决策,这个模型是传统经济学分析任何经济问题的出发点[157]。

$$
\left.\begin{array}{l} \text{偏好} \\ \text{信念} \\ \text{约束} \end{array}\right\} \xrightarrow{\text{推理和优化}} \text{结论}
$$

大量学者以该模型为基础,着重对个体决策模型偏好和信念进行研究。研究主要包括以下方面:社会偏好、风险偏好和时间偏好;关于自我的信念、关于他人行为的信念和关于自然状态的信念。

① 个体决策模型偏好

a. 社会偏好

不平等厌恶是社会偏好的研究热点之一。不平等厌恶型个体的效用函数包括两部分:一部分是他本人获得的物质收益,另一部分是他获得的物质收益与和他交往的经济人获得的物质收益之间不平等程度的度量。以恩斯特·费尔(Ernst Fehr)和克劳斯·施密特(Klaus Schmidt)的 F-S 效用函数为例[158],假设在一个微观经济系统中存在 n 个个体,x_i 表示个体 $i \in (1, \cdots, n)$ 在经济交往中最终获得的物质收益,$x = \{x_1, \cdots, x_n\}$ 表示系统收益向量,那么个体 i 的效用函数具有如下形式:

$$
U_i(X) = x_i - \alpha_i \frac{1}{n-1} \sum_{j \neq i} \max\{x_j - x_{i,0}\} - \beta_i \frac{1}{n-1} \sum_{j \neq i} \max\{x_i - x_{j,0}\}
$$

上式等式右侧的第二项表示由于他人物质收益大于个体 i 的物质收益而给个体 i 带来的负效用,第三项表示由于个体 i 的物质收益大于他人的物质收益而给个体 i 带来的正效用。不平等的分配结果会降低不平等厌恶型个体的总体效用,如果交往中的不平等厌恶型个体能够察觉到最终的物质分配结果可能是不公平的,那么他们就会采取行动来规避或降低这种分配结果的不公平性。

可见,社会偏好意在推翻传统经济学中的自利人假设,认为个体在经济交往中不仅仅会考虑其本身的收益,还会将他人的收益状况或者行为动机纳入考虑范围,总之社会偏好主要服务于个体与他人之间的交往。

b. 风险偏好

关于风险选项抉择行为的研究最多,但研究几乎全部与情景结合在一起,其中最著名的莫过于丹尼尔·卡内曼(Daniel Kahneman)和阿摩司·特沃斯基(Amos Tversky)[159]的前景理论(prospect theory)。

前景理论的基本模型分为两种:一种是面对正常的不确定事件 $(X, P; Y, q)$,个人得到 x 的概率为 P,得到 Y 的概率为 q,$1 - P - q$ 意味着还存在得不到任何结果的可能性。那么此决策事件前景的总价值的模型表述为：

$$v(X,P;Y,q) = \prod(P)v(x) + \prod(q)v(y)$$

其中，$\prod(m)$ 为决策权重函数，$v(x)$ 和 $v(y)$ 分别为不同决策行为的价值函数。

另一种是当 $P+q=1$ 且 $x,y>0$ 或者 $x,y<0$ 时，此时个体的决策行为和正常概率下的评价是不同的。在个体决策的编辑阶段，个体已经在分解部分将事件的因素分解为无风险部分（可以确定的损益）和有风险部分（未能确定的损益）。因此这种情况下，对该种前景的评价模型可以表述为：

$$v(X,P;Y,q) = v(y) + \prod(P)\left[v(x) - v(y)\right]$$

付全通等[130]基于该模型全面地考虑了矿工工作环境的复杂性、矿工自身技能和其他方面的局限性。可见该模型突出人的主观感受和有限理性在实际决策过程的重要性，从而在一定程度上还原了现实生活中的个体行为，而不是传统预期效用模型中冷冰冰的个人利益最大化的完全理性人。

c. 时间偏好

马广奇等[160]在前景理论的经典模型的基础上，加入时间压力限制等因素，理论分析了个体在理性时间限制下的决策行为，而谢恩·弗雷德里克（Shane Frederick）和乔治·罗文斯坦（George Donoghue）等[161]通过总结分析时间实验结果，均发现时间对个体决策有影响，且后者认为个体在时间线上的折现率在离现在较近的未来比离现在较远的未来更加的陡峭。

时间偏好突破了传统经济学对于个体在时间线上均匀折现的假设，而是认为个体在较近的时间段折现率较高，在较远的时间段折现率偏低，所以时间偏好主要服务于个体的跨时决策。时间偏好当前的一大研究热点是对个体自我控制、自我激励问题的考察。当个体评价较远的结果时，他们有耐心去制订减肥计划、戒烟或者为了晋升而努力奋斗，但随着未来临近，折现率会变陡，他会暴饮暴食，抽所谓的最后一支烟，继续随波逐流，这些行为决策都可以用时间偏好的不一致性来刻画。

② 个体决策模型信念

a. 关于自我的信念

过度自信（overconfidence）是有关自我信念研究中最受关注的一个方面，温斯坦（N. D. Weinstein）[162]发现绝大多数个体会低估关于自身负面事件发生的概率，存在侥幸心理。毕研玲和刘钊等[163]通过设定游戏情境的方式来比较个体决策与群体决策的过分自信和决策质量之间是否存在差异，实验结果表明：群体决策在决策质量上优于个体决策；无论是个体决策还是群体决策，都会出现过分自信现象，而且群体对群体决策的过分自信程度高于个体对群体决策的过分自信程度。

如上所述,过度自信研究被广泛应用于行为金融中关于投资决策的研究,金融领域中很多难以解释的现象最终都发现是金融活动中决策个体和群体的过度自信使然。随着行为经济学被各个社会科学分支所广泛接受,过度自信也开始被其他学科所关注,例如在法学和经济学领域中,过度自信也是一个具有一定解释力的概念。

b. 关于他人行为的信念

主要集中在博弈论研究中,尤其是协调博弈(coordination game)研究中,个人对他人意图和行为方式的判断会直接影响博弈的结果,以博弈均衡的存在和实现为最终目的。

程昱等[164]对银行与企业间的融资关系进行分析,并建立成本收益博弈模型。研究分析核心企业、银行和中小企业在传统融资和供应链金融融资两种模式下的纳什均衡,见表1-16(从上到下依次为银行、核心企业、中小企业的利润)。

表 1-16   **收益矩阵**

提供贷款		中小企业			
		守约(有还款意思)		不守约(无还款意思)	
		核心企业履行担保	核心企业不履行担保	核心企业履行担保	核心企业不履行担保
银行	传统模式下	$PB(r_{01}-r_0)-(1-P)B(1+r_0),$ $0,B(r_1-r_{01})$	$PB(r_{01}-r_0)-(1-P)B(1+r_0),0,$ $B(r_1-r_{01})$	$-Br_0-B,0,B(r_1+1)$	$-Br_0-B,0,$ $B(r_1+1)$
	供应链金融模式下	$P[B(r_{02}-r_0)+M+C]+(1-P)*(-Br_0+M+C),P(Br_2+S)+(1-P)Br_2,$ $B(r_1-r_{02})+S$	$P[B(r_{02}-r_0)+M+C]+(1-P)*(-Br_0+M+C),P(Br_2+S)+(1-P)*[B(1+r_2)-T],B(r_1-r_{02})-B$	$-Br_0+M+C,$ Br_2,Br_1-F	$-B(1+r_0)+C,$ $B(1+r_2)-T,$ Br_1-F

注:B 为贷款额度;S 为供应链稳定运作核心企业节省的成本;T 为核心企业声誉受损所带来的损失;F 为中小企业违约所受到的惩罚;P 为中小企业具有还款能力时的守约概率;C 为银行节省的交易成本;M 为银行中间业务收入;r_0 为银行存款利率;r_{01} 为传统模式下银行贷款利率;r_{02} 为供应链金融模式下银行贷款利率;r_1 为中小企业再投资收益率;r_2 为核心企业利用债券再投资收益率。

c. 关于自然状态的信念

在经典博弈论中,研究者们一直用贝叶斯更新来刻画人们关于事物信念的变化,然而真实世界中的个体并不是按照简单的贝叶斯更新来更新他们的信念的。阿摩司·特沃斯基和丹尼尔·卡内曼[165]描述了大量违背贝叶斯更新的现象，其中包括对基本概率原则的忽视，以及过高看重可利用的信息，过高注重小概率事件的代表性。

任广乾和李建标等[166]利用实验发现投资者被试在差值投资组合框架中的现状偏见程度高于在比率投资组合框架中的程度，在三种情绪组中均存在投资者现状偏见，积极情绪下被试的偏见水平较低，消极情绪下被试的偏见水平较高。李建标和巨龙等[167]首次提出以钝化信念为标准来区分信息瀑布和羊群行为，其本质是信息到信念之间传递的敏感度降低，表现形式是参照点为常数，这种界定方式提高了信息瀑布概念在管理决策领域中应用的可操作性。

可以看出，关于自然状态的信念可以解释群体行为中的信息传递规律和从众效应结果，后者如果与关于他人的信念相结合将会表现出更加强大的说服力。

③ 情景因素

由上文所述可知，大量的行为研究对经济学的"理性人假设"进行修正和补充，将情景因素与传统经济学进行结合。最早关注决策所处情景的行为经济学研究正是行为经济学的开山之作，即丹尼尔·卡内曼和阿摩司·特沃斯基[168]在 1979 年的论文。这篇文章在实验实证的基础上建立了一个有关风险选项的参照点依赖式（reference-point dependent）的决策模型，个体在某个参照点上（即某个情景下）对于获得情景下的风险选项与损失情景下的风险选项有着全然不同的评估方式，即对于同等程度的损失与获得，前者带给个体的心理效用波动更大，这种情况被称为个体决策中的损失规避（loss aversion）。

a. 情感方面

属于情感方面的情景也会影响个体的决策过程和决策结果。例如，布鲁斯·林德（Bruce Rind）证明在晴朗的天气，顾客给服务员的小费更多[169]；甚至天气好坏会影响纽约证券交易所股票价格的波动[170]；当个体被带入某种情绪时，他的自制能力可能会降低，甚至有攻击倾向[171]；等等。之所以如此是因为情绪所塑造的情景会影响个体在决策当时社会偏好、风险偏好和时间偏好的生成。

b. 认知方面

一种情景影响非风险选项抉择的情况是现状偏见，这种情况是指个体有一种强烈的偏好维持在当前的情景中，除非给予他较高的补偿[172]。与此类似的还有心理账户（mental accounting）效应[173]，即个体倾向于把来自不同情景下获得的收益计入不同的心理账户，在支出这些收益时仍然受情景的持续影响，不同心理账户里的收益支出方式不同。

综上所述，为了使行为经济学更加具有系统性，马修·拉宾（Matthew Rabin）[174]将现有的实验室行为研究的结果整合成了一个简单模型进行描述，黛拉·维尼亚·斯蒂法诺(Della Vigna Stefano)[175]进一步综合实地(field)行为决策研究结果补充了这一模型。在时点 $t=0$ 时,对于个体 i,他的最大化效用函数如下:

$$\max \sum_{x_t^i \in X_i} \sum_{t=0}^{\infty} \delta^t \sum_{s_t \in S_t} P(s_t) U(x_t^i | s_t)$$

其中,$s_t \in S_t$ 为情景变量,S_t 为情景空间;x 为收益变量,效用函数 $U(x|s)$ 是一种情景依赖函数,它依赖于个体 i 在决策时所处的状态;$P(s)$ 为个体 i 认为情景 s 发生的概率函数;δ 为折现因子。

该模型集中体现了行为研究成果对 BPC-Model 的否定,即个体的偏好并非如新古典经济学假设的那样,他们在决策时会受到情景的影响,情景决定偏好和信念的生成,同时他们的信念体系是有偏的,偏好结构是复杂的。

1.3.5 计算机仿真技术在安全中的研究现状

计算机仿真技术的发展为安全生产提供了新的研究方法,目前仿真技术的应用主要在系统动力学与多主体两个方面进行。

(1) 系统动力学仿真应用

煤矿事故由于其破坏性等特点,导致对事故后的再现研究有很大的困难,计算机仿真技术就可以在软件中进行情景重现来进行各类研究。系统动力学(system dynamics)由福雷斯特(J. W. Forrester)在 1965 年首次提出[176],利用系统动力学不仅能进行情景再现,更具有交互性等优点,因而使其得到了广泛的应用。

何刚等学者从矿工的不安全行为影响因素出发,利用系统动力学,对能够抑制井下员工的不安全行为因素进行动态测算,然后进行仿真分析,计算出安全投入对煤矿安全生产管理的边际效应[177]。

刘全龙等在演化博弈理论的基础上,采用系统动力学仿真,对国家安全生产监督中各参与方的行为策略组合进行仿真分析,得出监督部门的监督成本、因监督渎职而受到的罚金会影响煤矿企业相关投入和罚金以及事故造成的损失[178]。

李乃文等构建了井下安全系统脆弱性的系统动力学模型,通过仿真得出设备系统对安全系统暴露度效果最显著;环境系统对安全系统敏感度效果最显著;员工系统和管理系统对安全系统适应度效果最显著[179]。

(2) 多主体建模仿真应用

系统动力学方法能够解决安全事故的发生机理和分析影响因素,但是系统动力学往往是从整个系统的视角来进行研究,很难针对系统中的每个个体来进行区别研究。多主体建模(multi-agent)的提出不仅能从宏观的角度研究安全事故,更是能深入到矿工个体来研究其各类行为等。

Agent 的概念由明斯基(Minsky)在 1986 年首次提出,他将 agent 定义为集体中的个体,能够通过合作或者对抗的方式解决问题。同时指出 agent 具有社会性和智能性的特征。

Agent 的概念在被提出之后就应用在了许多领域,起初被描述为"一个能够完成任务,但是并不需要明白其运作方式的个体"。M. Wooldridge 给出了 agent 四个特性[180]:① 自动性,其可以不依赖外在的干预而自我运行,并且能控制自我的运行特征与模式;② 沟通性,agent 之间可以进行交流;③ 反应性,agent 可以针对环境进行特定反应;④ 能动性,agent 在对环境进行反应的同时,也能受到信息的影响,表现出一定目标的行为能力。

Lane 认为 agent 是一个具有逻辑判断和解决问题能力的运行单元,它可以是一个机器人,系统、过程或模块[181]。

但是随着研究的深入,研究者发现独立 agent 建模的方法存在无法适应复杂模型的弊端[182]。之后,有学者提出多主体建模法(multi-agent),将多个 agent 进行合作,共同完成任务,同时每个 agent 的行为和逻辑计算能够保持一定的独立性。

多主体建模方法以复杂适应系统(complex adaptive system,CAS)为基础。复杂适应系统认为,主体能够与其他主体或者环境进行交互,同时能够在这个过程中自我学习,依据交互结果和学习过程改变自身结构或者转换行为方式[183]。

多主体建模方法从独立 agent 个体行为出发,通过互相影响,也具有从整体研究一个集体的功能[184]。所以多主体建模的思路是自下而上的[185]。每一个个体 agent 的表现和 agent 之间的交互在整体上看就反映出一个团体的特点。

总体来看,目前利用多主体建模对煤矿事故的仿真分析占多数。

王莉将决策系统可靠性分析与多主体建模仿真应用结合,构建了基于多主体的可靠性仿真模型,然后调整各影响因素的数值来研究核电站事故对社会影响的不同程度。从有害辐射探测、救援物资运送、灾害信息发布的准确性和及时性以及合作决策方四个方面来仿真分析,并根据仿真结果,对企业、国家有关部门分别提出建议[186]。

梅强等利用多主体建模,从五个方面对煤矿安全生产管理进行分析,得出了过低的罚款和赔偿程度会影响煤矿企业提高安全投入的意愿。在合理数值内,企业安全投入水平的增加会提升相应安全生产管理的效果[187]。

王金凤等从企业的视角,借助演化博弈理论,构建了包含救援收益、救援收益增量、收益增量分配系数、违约金、机会主义所得及先期成本等效益因子的主体协作的行为博弈模型。研究了煤矿企业协作救援与否的成本与收益,并得出了合理的配置系数[188]。

常松丽采用多主体间信息交互与主体响应的多主体建模理念,建立了

multi-agent 井下矿工信息交互的矿工逃生模型。从普通的个体之间的消息传播行为规律出发,分析了矿工信息交换过程[189]。

李乃文等则利用多主体建模方法,从风险感知偏差、情绪稳定到不安全行为等一系列方向进行了仿真研究,得出了风险感知偏差和情绪演化系统均为典型的复杂适应系统,管理者和矿工等属性对矿工均有不同程度的影响[190-191]。

1.4 研究内容及方法

1.4.1 研究内容

(1) 矿工不安全行为内控点的识别及假设提出。以企业内部控制五要素作为切入点并基于扎根理论,设计出研究所需的访谈。通过对 S 煤炭企业多名员工进行深度访谈,再将访谈过程进行编码处理,构建矿工不安全行为内控点概念模型,通过对模型理论饱和度检验,证明了该模型中展现的脉络关系是饱和的,据此提出本书的研究假设。第二步是对矿工内控点假设的论证。通过梳理相关文献并参考调查问卷编制原则,设计出研究所需的问卷。并对 S 煤炭企业工作人员发放问卷得到研究样本。为了确保样本质量,进行信效度检测和相关性检验。最后通过回归分析检验第一步所提出的研究假设。第三步是基于对本书所得出矿工不安全行为内控点的分析,为煤炭企业内部控制提出相关建议。

(2) 以陕西省煤炭企业 S 煤矿矿工为主要研究对象,从成本收益分析角度出发,基于扎根理论对矿工开展实地访谈,筛选影响矿工不安全行为的因素范畴。在此基础上,采用问卷调查方式,对问卷进行设计和发放,运用 SPSS21.0软件对有效问卷进行信度效度检测和相关性检验,并采用回归分析研究矿工不安全行为成本、不安全行为收益对不安全行为的影响。最后针对影响因素提出对策建议。

(3) 从成本收益角度出发,对矿工不安全行为决策的影响因素进行分析,并结合行为经济学理论对矿工不安全行为的成本收益模型进行研究。在厘清矿工不安全行为产生的机理后,以复杂适应系统理论和多主体建模方法为基础,对多元利益主体之间的关系进行研究并建立多主体模型,同时,依据系统动力学理论对多元利益主体导致矿工不安全行为的因果关系进行说明。由于多主体之间的利益存在冲突,进而产生多方博弈行为,通过对各个主体期望收益的分析,得到系统运行过程中的稳定策略选择。为了验证多方博弈稳定策略选择的有效性,采用仿真演化方法和案例分析方法进行实证研究。通过多方博弈分析及实证研究,提出以内外两种驱动力提高矿工主体安全行为收益的治理策略,从而达到安全生产的目标,为煤炭企业在干预矿工不安全行为的产生方面提供一种有效的管理方式。

（4）从现代管理会计中的成本收益分析方法出发对矿工不安全行为进行研究。典型的成本收益分析法难以完全适应矿工行为的分析，所以利用文献研究法，结合有限理性假设解决决策目标和矿工互相影响的问题，再结合前景价值理论解决价值判断的问题，从而与行为经济学交叉构建了矿工不安全行为决策模型的理论基础。模型的核心部分为成本收益计算，另外还包含矿工从众影响和管理者干预影响等部分，共同构成了矿工不安全行为决策过程。利用 NetLogo 仿真软件的编程语言，从代码和可视化两部分，将矿工决策模型编译为适宜仿真研究的矿工不安全行为决策仿真平台。从管理会计的角度出发，在影响因素中选取正向激励、反向激励、工作时间和从众系数四个方面对矿工不安全行为决策进行仿真模拟。

1.4.2 研究方法

采取定性和定量相结合的方法进行研究，具体运用文献综述、问卷调查、理论分析、数学建模、解析推导、计量分析、博弈演化以及案例分析等方法。在分析过程中，通过对经济学理论下矿工行为决策模型的主要影响因素进行静态分析，掌握各因素对矿工行为的影响机制。在此基础上，依据行为成本收益模型及思想构建矿工行为决策的多主体模型，并对利益主体间博弈进行分析，同时利用问卷调查及文献综述得出的数据对博弈进行仿真演化。

采用的主要研究方法如下：

（1）文献研究法。

通过 CNKI、Web of Science 等渠道收集国内外有关文献、事实和数据。采用文献计量学方法对研究现状进行系统、细致的梳理。

（2）问卷调查法。

从国内外文献中借鉴成熟的量表，经过翻译、访谈、专家审阅等方式再次修订形成初始问卷，并对初始问卷进行小样本检验、题项修正，在保证样本信度、效度良好的情况下，进行实证。

（3）统计分析法。

利用 SPSS21.0 软件对问卷信度、效度、因子、相关性分别进行分析。

（4）仿真演化与案例分析相结合。

采用将数值仿真分析与案例分析相结合的方法：先通过数值仿真分析和计算机图形显示对理论模型进行分析检验，得到行为变化趋势；然后选择具有代表性的案例进一步对模型进行解释说明。

（5）解析推导与数值计算相结合。

由于矿工不安全行为的形成和发生是一种复杂自适应现象，构建的多主体模型假设条件非常苛刻。本书一方面通过对经济学下矿工行为决策模型进行解析推导，另一方面通过问卷调查及文献获取的数据对多主体间的博弈进行仿真演化。

（6）静态分析与动态分析相结合。

为揭示矿工不安全行为决策的机理，本书将对期望理论和前景理论下的矿工行为决策的相关因素进行静态分析，揭示各因素与矿工决策之间的变动关系。另外，在多主体博弈分析时考虑时间因素，从动态角度对矿工行为趋势进行分析。

（7）注重规范分析和实证研究的有效结合。

针对矿工不安全行为这一具体问题，在研究各属性和不安全行为决策相互关系的基础上，运用规范分析对国家和企业层面的不安全行为的治理提出合理的建议。

（8）利用仿真分析软件 NetLogo，以矿工决策模型为基础，研究矿工、管理者和环境之间的相互关系，进而验证模型在成本收益分析下的可用性和各影响因素的效果。

第 2 章 理 论 基 础

2.1 内部控制理论的发展

内部控制理论的发展经历了一个漫长的时期,到 21 世纪大致经历了内部牵制阶段、内部控制制度阶段、内部控制结构阶段、内部控制整合框架阶段、企业风险管理整合框架阶段等。

(1)内部牵制阶段

从美索不达米亚文明时期的"采用各种符号来记录生产和使用财物的情况",到 15 世纪末在意大利诞生的复式记账法,到 18 世纪产业革命以后公司制企业纷纷效仿收效明显的内部稽核制度,再到 20 世纪初组织控制、职务分离控制雏形的出现,该阶段内部控制的主要目的为查错防弊,主要方法为职务分离和账目核对,而主要的控制对象是钱、账、物等,但人们还没有意识到内部控制的系统性,只强调内部牵制作为其唯一要素的重要性。

(2)内部控制制度阶段

20 世纪 40 年代末至 70 年代初,"内部控制"这一术语被首次提出,内部控制被分为内部管理控制和内部会计控制两部分。1949 年,美国注册会计师协会(AICPA)发布了专题报告,首次对内部控制做了权威性的定义:"内部控制包括组织机构的设计和企业内部采取的所有相互协调的方法和措施,旨在保护企业资产,审核会计数据的准确性和可靠性,提高经营效率,推动企业执行既定的管理政策。"该定义首次将内部控制延伸至管理领域,有了内部管理控制的雏形。此后日本、英国、加拿大等国也以文件的形式对内部控制做出了定义和界定。该阶段审计职业界极大地推动了内部控制的发展,但事实上,"两分法"对内部控制所包含内容的反映并不全面,也缺乏对于控制环境对内部控制所造成影响的考虑。

(3)内部控制结构阶段

1988 年 4 月,美国注册会计师协会第一次以"内部控制结构"概念代替"内部控制制度",并指出了内部控制结构包括控制环境、会计制度和控制程序。至此,内部控制发展成为"三要素"理论,成为突破性的理论研究。

（4）内部控制整合框架阶段

进入 20 世纪 90 年代以来，人们对内部控制的研究跳出了审计的范畴，开始着眼于企业治理和相关者利益方面。1992 年，著名的 COSO 报告：《内部控制——整合框架》诞生，明确指出内部控制包括控制环境、风险评估、控制活动、信息与沟通、监控活动五个相互独立但又彼此联系的要素，如图 2-1 所示。

图 2-1　内部控制整合框架图

"COSO 1992 报告"准确定位了内部控制的基本目标——协助企业经营管理，降低企业经营风险，并强调"人"在内部控制中的能动性和重要性。该阶段内部控制研究的最大特点是重视了内部控制和风险管理框架在实务层面的应用。

（5）风险管理整合框架阶段

"COSO 1992 报告"自发布以来，在被许多企业采用的同时，实务界和理论界纷纷指出其对风险的强调不足。随着安然和世界通信公司会计丑闻事件的发生及《萨班斯-奥克斯利法案》的出台，COSO 对形势的变化及时做出了应对，即发表了新的研究报告《企业风险管理——整合框架》[106]，指出风险管理包括八个相互关联的构成要素，即：内部环境、目标制定、风险识别、风险评估、风险应对、控制活动、信息与沟通和监控。该报告将内部控制与风险管理更好地结合起来，拓展了内部控制的外延。

2.2　我国企业内部控制规范基本内容

2008 年，财政部会同证监会、审计署、银监会、保监会制定并印发《企业内部控制基本规范》[107]，自 2009 年 7 月 1 日在境内的大中型企业（包括上市公司）执行，同时鼓励小企业和其他单位参照其内容建立与实施内部控制。

《企业内部控制基本规范》[107]要求企业建立内部控制体系时应符合一定的目标。在第一章第三条中明确指出本规范所称内部控制，是由企业董事会、监事会、经理层和全体员工实施的、旨在实现控制目标的过程。内部控制的目标是合理保证企业经营管理合法合规、资产安全、财务报告及相关信息真实完整,提高经营效率和效果,最终促进企业实现发展战略。

《企业内部控制基本规范》[107]借鉴了以美国 COSO 报告为代表的国际内部控制框架,并结合我国国情,要求企业所建立与实施的内部控制,应当包括以下五个要素。

2.2.1　内部环境

内部环境是企业实施内部控制的基础,一般包括治理结构、机构设置及权责分配、内部审计、人力资源政策、企业文化等。

企业的内部环境是企业内部控制存在和发展的空间,亦是内部控制赖以生存的土壤,控制环境的好坏直接决定着其他几个内部控制要素能否发挥作用。

2.2.2　风险评估

风险评估是企业及时识别、系统分析经营活动中与实现内部控制目标相关的风险,合理确定风险应对策略。

风险评估,是指在风险事件发生之前或之后、但还没有结束,对该风险事件给人们的生活、生命、财产等各个方面造成的影响和损失的可能性进行量化评估的工作。即,风险评估就是量化测评某一事件或事物带来的影响或损失的可能程度。

从信息安全的角度分析,风险评估是对信息资产所面临的威胁、存在的弱点、造成的影响,以及三者综合作用所带来风险的可能性的评估。作为风险管理的基础,风险评估是组织确定信息安全需求的一个重要途径,属于组织信息安全管理体系策划的过程。

2.2.3　控制活动

控制活动是企业根据风险评估结果,采用相应的控制措施,将风险控制在可承受范围之内。

企业必须制定控制的政策及程序,并予以执行,以帮助管理层达到一定的目标。为保证其控制目标的实现,其用以辨认和处理风险所必须采取的行动也已有效落实。

2.2.4　信息与沟通

信息与沟通是企业及时、准确地收集、传递与内部控制相关的信息,确保信息在企业内部、企业与外部之间进行有效沟通。

信息与沟通是人与人之间思想、感情、观念、态度的交流过程,是情报相互交换的过程。信息与沟通的作用在于使企业内的每一个成员都能够做到在适当的时候,将适当的信息,用适当的方法,传递给适当的人,从而形成一个健全、迅速、有效的信息传递系统,以有利于企业目标的实现。

2.2.5　内部监督

内部监督是企业对内部控制建立与实施情况进行监督检查,评价内部控制的有效性,发现内部控制缺陷时加以改进。

企业内部设立会计监督制度的目的:一是保证企业内部各项财产物资的安全、完整以及有序、有效流动和使用;二是保证企业会计信息能够真实、可靠地反映企业的财务状况和经营成果。

2.3　不安全行为概念

对于不安全行为的定义,不同的研究者有不同的侧重点,我国国家标准GB 6441—86中将不安全行为定义为能够造成事故的人为错误。

在不安全行为的研究中,容易把人因失误与不安全行为混淆。不安全行为与人因失误的根本区别在于是否是意向性的错误[192-193]。意向性的错误被称为不安全行为,非意向性的错误被称为人因失误[194]。不安全行为比较容易识别,它通常是显性的,表现为以错误的方式、计划进行作业或者去解决作业过程中出现的问题;而人因失误难以辨识,它具有隐性的特点,是一种非意向性的疏漏或者忘却。

在人机系统中,系统根据一定规则划定人可以进行的操作范围,同时会对曾引起过事故的行为进行记录,当人的行为超出该范围或者出现记录中的行为时,系统就认定该行为是不安全行为,是不可以进行的操作。这些不安全行为是导致事故的直接原因。

煤矿企业作为大型生产型企业,其生产活动都具有一定的安全规程和标准操作规范。在生产过程中,任何员工的任意一个操作上的失误或者装备使用错误都可能引起事故,造成不可估量的后果。因此任何一个违规、违纪、违章行为都被认为是不安全行为,是不被允许的。

2.4　不安全行为的经济视角

经济学家认为,矿工在经济和社会生活中同样扮演着经济人的角色,不断寻求着自身经济效用最大化。在一个企业中,一个矿工的效用目标一般是对职位或资源的支配权力、个人职务升迁、实际收入或其他收入等。从经济人的角度客观地讲,矿工具有利己动机是正常的,以至于导致不安全行为。

2.4.1　经济人假设

不安全行为的特质从经济学上来说,被归类于"理性经济人"。"经济人"的概念来源于亚当·斯密在《国富论》中的一段话:"每天所需的食物和饮料,不是出自屠户、酿酒师和面包师的恩惠,而是出于他们自利的打算,不说自己需要,而说对他们有好处。每个人都不停地努力为自己所能支配的资本找到最有利的用途。固然,他所考虑的不是社会利益,而是他自身的利益"。[195]西尼尔确立了个人经济利益最大化公理[196],约翰·穆勒在此基础上总结出"经济人假设"[197],最后帕累托将"经济人"这个专有概念引入经济学理论。综上所述,"经济人"的本质是自利人,其首先考虑的是私人利益,而不是他人或社会利益。从另一层意义上来说,"经济人"也可称为理性人,其进行理智地分析和判断,用最小的成本来获得最大的收益[198]。通常情况下,"经济人"为了达到个人利益的最大化,会利用政策、制度、法律的缺陷,牟取特定族群、团体或个人的经济、政治或宗教的利益。矿工符合"经济人"假设的全部要素,依据马斯洛的需求层次理论:人的需求是无穷的,需求是有层次的,一旦某种需求得到满足,又会出现另一种需要满足的需求。依照之前的分析,矿工被界定为"经济人",其行为方式和目的都是用最小的成本来获得最大的收益。

2.4.2　计划行为理论

在社会心理学中最著名的态度行为关系理论——计划行为理论认为行为动机是影响行为最直接的因素,并且行为动机反过来受态度、主观规范和知觉行为控制的影响。计划行为理论在国外已被广泛应用于多个行为领域的研究,并被证实能显著提高行为研究的解释力和预测力。

计划行为理论是本书的重要理论框架之一,而理性行为理论是计划行为理论的基础,也是本书的理论基础,接下来将对它们进行详细的阐述。

（1）理性行为理论

1975 年美国著名心理学家菲斯宾(M. Fishbein)和阿杰恩(I. Ajzen)提出了理性行为理论(TRA),该理论认为个体行为由行为动机决定[199]。理性行为理论有两个基本前提:第一,人大部分行为都是在自我意志控制之下;第二,人的行为动机是立即行为决定因子(图 2-2)。动机又由两个层面组成:个体特有的行为态度和主观规范。

图 2-2　理性行为理论模型

谢帕德(Sheppardetal)指出,TRA 的基本前提可能会产生两个问题:第一,它可能会忽略其他重要的影响因素,而仅从个人的动机来预测行为的发生;第二,它没有提到个人可能无法自主地拥有行为动机或不能完全根据行为动机来决定行为的情况[200]。正如麦登(Maddenetal)指出,TRA 模式在环境或资源受限中,行动者无法完全依照个人的意志决策。阿杰恩和其他研究人员也发现了该理论的一些局限。由于 TRA 的描述是在人们对行为和动机的控制完全自主的情况下进行的,因此,当人们对自己的行为和态度几乎没有任何控制能力时,TRA 对行为的解释力度就会减弱,无法做出合理解释。

(2)计划行为理论

学者阿杰恩为了弥补 TRA 的重大缺陷,在 TRA 理论基础之上,于 1985 年提出计划行为理论,期望能够更有效地解释和预测个人行为。计划行为理论是理性行为的拓展和延伸。理性行为理论是在"行为的发生是基于个人的意志控制"的基本前提下对个人行为进行预测和解释的,但是在实际情况下,影响个人意志的控制程度因素却有许多。

计划行为理论认为行为动机由三个方面共同决定:态度、主观规范和知觉行为控制(图 2-3)。态度是集中反映个体对特定个人、团体、事物、行为和思想评价的感知表征,是多项对态度的信念或行为信念与结果评估之和。其中,行为信念是指个人对从事某项特定行为所可能导致的各种结果的信念;对结果的评估是指个人对于结果价值的评价。

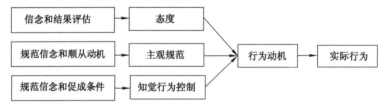

图 2-3　计划行为理论模型

菲斯宾和阿杰恩认为人的行为动机将会受到主观规范的影响[199-201]。主观规范是指个人对于是否采取某特定行为时,所感受到该行为涉及的社会习俗及群体压力,其中,主观规范=个人规范信念×依从动机。个人规范信念是指个人决定是否采纳某项行为时,感知到众人或群体对于其信念的期望;依从动机是指对于这些重要的他人或团体所持有意见的依从程度。当主观规范越低,表示受到社会压力越低或是依从意愿越低,则行为意愿越低;反之,当主观规范越高,表示受到社会压力越高或依从意愿越高,则行为意愿越高。

在计划行为理论中,知觉行为控制没有列入研究动机的影响因素中。知觉行为控制是计划行为理论为了弥补理性行为理论而增加的新变量,它表示个人在采取行为时,对于所需要的机会和资源的控制能力,反映个人对于某一行为过去的经验和预期的阻碍。当个人认为自己所拥有的资源和机会越少,预期阻碍就越大,对行为控制也就越弱,其中知觉行为控制=控制信念×感知促成条件。

其中,控制信念是指个人对于采取行为所需要的机会、资源或阻碍多少的感知程度;而感知促成条件是指个人认为所需机会与资源对于采取行为的重要程度。知觉行为控制会对行为产生直接影响。当知觉行为控制与个体实际的行为控制一致时,知觉行为控制有可能直接影响行为。

2.5 不安全行为的成本收益分析

按照贝克尔的观点,人类一切行为都蕴含着追求效益最优化和效用最大化的经济性动机,都有以尽量小的成本换取尽量大的收益的要求[202]。无论收益还是成本,都以效用得失的形式出现,并由个人通过获取效用的多少来加以度量。

不安全行为的关键在于不安全行为是具有成本与收益的,它可以解释和预测人们的行为倾向。矿工在实施不安全行为前会有意或无意地进行成本收益分析,只有当不安全行为的预期收益超过其预期成本时,矿工才会选择不安全行为,即收益高、成本低,矿工的积极性就高,反之,积极性就低。预期的收益越大、成本越小,矿工不安全行为的发生率就越大,相反则越小[203]。因此,矿工不安全行为的发生率与成本、收益之间的关系可以用图 2-4 来表示,并体现在以下四个方面。

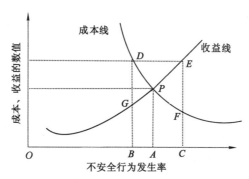

图 2-4 不安全行为发生率与成本、收益的关系

第一,从现实来看,不存在行为成本为 0 或者收益为 0 的极端情况。在当前煤炭企业中,不安全行为问题不可能彻底根除,只能将其遏制在可以接受的范围以内,这也是从整个国家宏观层面来说最好的政策。所以,降低不安全行为一定是长期的行为,必须坚持不懈。

第二,P 点是成本线与收益线的相交点,此时的不安全行为成本与不安全行为收益相等,P 点既是经济学上最佳的反不安全行为问题点,也是总损失的最低点,此时对应的发生率为 A 点代表企业所能承受的最大限度。开展降低不安全

行为工作能够使 A 点左移,移动的幅度越大说明成效越明显。

第三,当收益高于成本时,不安全行为问题的发生率就会大大提高。如图中的收益线上的 E 点和成本线上的 F 点,净收益值为 FE,此时矿工因为有更多的利益可得,从而更加愿意选择参与不安全行为,导致发生率提高到了 C 点。

第四,当收益低于成本时,不安全行为的发生率就会大大降低。如图中的收益线上的 G 点和成本线上的 D 点,净收益值为 DG,为负值,此时对于这种亏本的活动,越来越少的人愿意参与进来,导致发生率下降到了 B 点。

2.6 成本收益相关理论基础

2.6.1 期望理论

期望理论又称作"效价-手段-期望理论",是管理心理学与行为科学的一种理论。这个理论可以用公式表示为:激动力量＝期望值×效价。这是由北美著名心理学家和行为科学家维克托·弗鲁姆(Victor H. Vroom)于1964年在《工作与激励》中提出来的激励理论。在这个公式中,激动力量指调动个人积极性,激发人内部潜力的强度;期望值是根据个人的经验判断达到目标的把握程度;效价则是所能达到的目标对满足个人需要的价值。这个理论的公式说明,人的积极性被调动的大小取决于期望值与效价的乘积。也就是说,一个人对目标的把握越大,估计达到目标的概率越高,激发起的动力越强烈,积极性也就越大,在领导与管理工作中,运用期望理论于调动下属的积极性是有一定意义的。期望理论是以三个因素反映需要与目标之间的关系的,要激励员工,就必须让员工明确:① 工作能提供给他们真正需要的东西;② 他们欲求的东西是和绩效联系在一起的;③ 只要努力工作就能提高他们的绩效。

2.6.2 前景理论

前景理论,是一个行为经济学的理论,为2002年的诺贝尔经济学奖获得者心理学教授丹尼尔·卡内曼(Daniel Kahneman)和阿摩司·特沃斯基(Amos Tversky)通过修正最大主观期望效用理论发展而来的。它假设风险决策过程分为编辑和评价两个过程。在编辑阶段,个体凭借"框架"(frame)、参照点(reference point)等采集和处理信息,在评价阶段依赖价值函数(value function)和主观概率的权重函数(weighting function)对信息予以判断。价值函数是经验型的,它有三个特征:一是大多数人在面临获得时是风险规避的;二是大多数人在面临损失时是风险偏爱的;三是人们对损失比对获得更敏感。因此,人们在面临获得时往往是小心翼翼,不愿冒风险;而在面对失去时会很不甘心,容易冒险;人们对损失和获得的敏感程度是不同的,损失时的痛苦感要大大超过获得时的快乐感。

数学模型假设一个人衡量决策得失的数学函数（PT 函数）为：$U = \omega(p_1)v(x_1) + \omega(p_2)v(x_2) + \cdots$，其中 x_1，x_2，… 是各个可能结果，p_1，p_2，… 是这些结果发生的或然率。v 是所谓"价值函数（value function）"，表示不同可能结果在决策者心中的相对价值。根据本理论，价值函数的线应当会穿过中间的"参考点（reference point）"，并形成一个如图 2-5 所示的"S"形曲线。

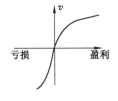

图 2-5　价值函数

2.6.3　成本收益分析与管理会计

成本收益分析起源于 19 世纪法国经济学的洛桑学派，随后这一理论被意大利经济学家维尔弗雷多·帕累托（Vilfredo Pareto）进行了总结和改进。到 20 世纪 40 年代，美国经济学家尼古拉斯·卡尔德（Nicolas Calder）和约翰·希克斯（John Hicks）在继续理论研究之后，提出了卡尔德-希克斯理论，即成本收益分析的理论基础。成本收益主要是，在标准的指标系统内，利用成熟的成本和收益计量方法，将一个项目中需要的成本与其获得的收益比较，如果收益比成本要高，代表项目具有经济价值；如果收益比成本低，代表项目不具有经济价值[204]。这一思路也贯穿在经济学和会计学中的很多应用。

成本收益分析的思路经过发展和改进之后，在会计学中有很多的应用，如在财务管理的财务决策方法中的净现值收益法（net-present value）、现值指数法（present value index）和内含报酬率法（internal rate of return）以及成本分析中的量本利分析法（cost-volume-profit analysis）等。成本收益分析同样是现代管理会计中的一个重要的分析方法，采用数学计算对项目进行定量分析，获得一些属性之间的或是正向或是反向的关系，从而依据这些关系来建立数学模型，是管理会计进行短期经营决策分析评价的基本方法之一。

随着经济的发展，投资活动在企业运营中变得常见，同时政府部门也需要考虑项目和政策的经济和社会效益，成本收益分析开始逐渐应用到各生产和公共社会活动中，所以在这一时期，成本收益分析的短期经营决策分析应用主要集中在投资、公共管理和公司管理等，分析的视角均是企业或者公共部门等集体。

随着会计职能的扩展，现代管理会计涉及的方面也逐渐发展到关于人的管理，所以现代管理会计的发展离不开相关学科的交叉，如决策管理会计和执行管理会计都需要与行为研究来进行交叉，目前在企业决策的研究上也都大多集中于管理层。

2.7　复杂适应系统理论及方法

2.7.1　复杂适应系统理论

"复杂适应系统"（CAS）理论是多主体建模技术的理论基础，是遗传算法的提出者约翰·霍兰于1994年在汽车零部件贸易组织(SFI)成立十周年时正式提出的。CAS理论源于他对系统演化规律的思考,其基本思想可以这样概括:我们把系统中的成员称为具有适应能力的主体(adaptive agent),简称为主体。所谓主体具有适应性,是指它能够与环境以及其他主体之间进行交互作用。主体在这种持续不断的交互作用的过程中,不断地"学习"或"积累经验",并根据学到的经验改变自身的结构和行为方式。整个宏观系统的演化,包括新层次的产生、分化和多样性的出现,新的、经聚合而成的、更大的主体的出现等等,都是在这个基础上逐步衍生出来的。"适应性造就复杂性"是CAS理论的核心思想,可从以下四个方面来说明这一思想:① 主体是主动的、活的实体。② 把宏观和微观有机地联系起来。当系统中的个体具有主动性和适应性,以前的经历会"固化"到个体内部,那么它的运动和变化,就不再是一般统计方法所能描述的了。③ 主体之间及主体与环境之间的相互影响和作用,是系统演化的主要动力。④ 引进了随机因素的作用,使它具有更强的描述和表达能力。

2.7.2 多主体建模方法

多主体建模与仿真(agent-based modeling and simulation,ABMS)是近年来发展较快的一个研究领域,是在复杂适应系统(CAS)理论指导下,结合自动机网络模型和计算机仿真技术来研究复杂系统的一种有效方法,被广泛地应用于经济学、社会学、生物学等复杂性学科的研究中。基于的仿真主要包括主体、环境以及交互规则等概念。在模型中,每一个都具有自治能力、反应能力、社会性和能动性四个特征。环境是各个主体发生交互的平台和场所,而规则是对环境中各个主体之间交互行为的约束和限制。

图2-6为建模与仿真思路图。首先根据原型系统确立仿真目标,接着对agent进行描述和分类,建立agent模型,然后确定整体交互规则,最后利用计算机进行编程并运行程序,观察仿真结果并进行相应的分析。

现代群体研究认为,群体性行为是由许多个个体产生的,是个体行为在集体层次的涌现。因此,基于的建模与仿真技术非常适合对群体性事件中行为进行研究。

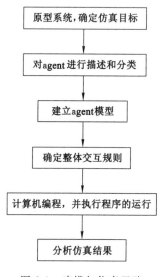

图2-6 建模与仿真思路

2.8　系统动力学

系统动力学是研究分析系统内部变量之间因果反馈作用关系的学科,通过对因果反馈作用关系的量化分析使得系统动力学具备更强的说服力。系统动力学以控制论、信息论等理论方法为基础,以系统工程、控制工程和计算机仿真技术为支持,研究分析系统内部各要素沿着时间轴而产生的演变的过程。系统动力学总体把握分析系统的结构,同时结合内部具体要素的因果反馈关系来分析内部组成结构之间的动态作用关系,该理论方法能较好地刻画出现实生活中的动态系统的特征。

系统内的同一单元或同一字块,其输出与输入的关系即为反馈,也就是信息的传输与回收。反馈是输入和输出互为因果关系的循环过程,又称为因果反馈。反馈可以分为正反馈和负反馈两种,相应地,反馈回路可分为正反馈回路和负反馈回路。正反馈回路具有自增强、不稳定的特性,而负反馈回路具有力图缩小系统状态相对于目标状态偏离程度的特点,故又称为稳定回路、平衡回路或自校正回路。

2.9　博　弈　理　论

博弈论以纳什均衡的思想为主线,着重研究决策主体行为发生直接相互作用时的决策以及这种决策的均衡问题。

演化博弈论是在博弈论的基础上发展起来的一种理论。传统的博弈论以经济学中"理性经济人假设"为基础,认为博弈方都以个体利益最大化为目标,且有准确的判断选择能力,也不会"犯错误",即"完全理性"。而在现实决策问题中,人不可能完全理性,更不可能每个决策阶段都理性。演化博弈论就是研究有限理性条件下的博弈问题。

演化博弈论主要研究群体行为,它以达尔文的生物进化论和拉马克的遗传基因理论为基础,把博弈理论分析和动态演化过程分析结合起来,分析种群结构的变迁,而不是针对单个行为个体的效应分析。演化博弈理论摈弃了博弈论完全理性的假设,不仅能够成功地解释生物进化过程中的某些现象,同时它比博弈论能更好地解释和分析现实中的经济和管理问题。

2.10　行为经济学

经济学的最基本假设就是对人性的假设(理性人假设),这是一个心理学假设。但早期的经济学家为了所谓的经济学科学化这一目标,经过一百多年的演化,终于用很多复杂的数学模型把心理学排除出了经济学的体系。但是随着人类经济活动的多样性以及对经济世界认识的深化,很多经济学家发现经济学的很多理论并不像其所谓的数学模型那样精确,现实与理论之间存在相当多的差异。以"阿莱悖论"为代表的许多经济学"异象"对以新古典经济学为核心的主流经济学提出了严肃的质疑。正是在这样的情境下,行为经济学应运而生,并在最近三十多年内发展壮大,成为现代经济学发展的重大成果之一。

行为经济学把心理学的理念纳入传统经济学的体系内。行为经济学的研究包含"判断"和"选择"两个过程。"判断"表示个体在预估一件行为触发概率时的全部计算过程。而"选择"表示个体在数个选择方向时的决策过程。

传统的"偏好理论"在解释人们的选择行为时,假设人们的偏好与参照系不相关,且偏好具有稳定性。框架效应、锚定效应、情境效应等一系列实证了偏好不仅受决策者参考点的影响,还存在反转现象,这代表着个体的决策并不像传统经济学表述的那样,是一组可以事先确定的、无差异的曲线,人们的偏好会经常发生改变。

基于对判断和选择认识的不断深化,行为经济学取得了令人瞩目的成就,在很多研究领域已经被学界所接受,主要表现在以下两个方面:一是利用认知心理学的研究成果,用有限理性替代经济学的完全理性假设,这一理论认为人的决策能力受到自身的身心素质的限制,当决策人处于信息匮乏的环境中,会同时受到环境的影响,而处在有限理性的决策状态。这与煤矿井下的工作环境是非常契合的[57]。二是在风险和不确定条件下偏好如何影响行为,用前景理论替换经济学的期望效用理论。

2.10.1 有限理性假设

切斯特·巴纳德(Chester I. Barnard)指出,经济活动中的个体不能全部视作完全理性,其决策能力受到自身和环境的限制[205]。他利用有限理性假设对传统经济学完全理性的理念做出了改良:

(1)每个正常的经济活动中的个体并不是传统经济学所描述的,是设备的延伸,他们不只是简单的接受指令,而是具有自主意识的个体。

(2)这种自主意识有其限制,因为个体的学习过程会受到家庭、社会等环境的综合影响,这就造成个体的自主意识被限制在其环境因素的范围内。

他指出,决策是个体在自主意识下的科学计算的结果。决策会参考上一个过程的目标,当上一个过程的决策进行后,本过程就是将上一个过程未实现或未考虑到的目标更新为本过程目标,这样经过另一过程的决策,如何实现目标的路径会变得清晰[206]。这种情况下,虽然个体的决策和逻辑判断有限制,但经过多个过程的决策,就会对最终的决策结果有一个良好的修正。

赫伯特·西蒙(Harbert A. Simen)在上述理论的基础上进行了添加和改良,推动了有限理性假设的体系化研究,他在《管理行为》一书中再次对传统经济学完全理性假设对行为决策的适用性提出了看法:"独立个体的行为决策,很难达到比较完全水平的理性状态,由于其面临的决策方案涉及太多方面,逻辑计算的过程需要的信息也涉及太多,因此,即使近似的客观理性,也难以完全解释现象。"[207]

他指出完全理性状态需要满足三个前提:

(1) 个体行为决策时必须了解所有因素。

(2) 个体行为决策的计算时,必须能预先了解所有的决策方向的数据结果和相应的概率。

(3) 个体在对结果进行判断时能排除偏好的干扰。

西蒙认为,现实条件下没有个体在决策时能完全满足这三个前提,所以用完全理性来解释行为决策就有失偏颇,个体的行为动机虽然是以完全理性出发,但客观条件的限制导致只能处于有限的状态。他指出,由于综合素质上限的限制,个体往往都无法在决策时就收集和处理全部信息,因此任何个体在行为决策中都只能处于有限理性的状态。他将有限理性状态的决策过程分成两个阶段:

(1) 信息接收、处理阶段,主要是收集周围可能收集到的对决策有影响的各类信息。

(2) 评估、决策阶段,在这个阶段中,同一问题在不同的决策因素整合过程中可能得到不同的结论,而且上个时点的决策会影响这个时点的处理方式,不同的处理方式则会得出不同的结果。

同时,西蒙认为个体在决策时不会总是考虑客观最优的决策,而是会考虑个体最满意的决策。

里茨伯格(K. Ritzberger)等[208]以及弗登伯格(D. Fudenberg)和莱文(D. K. Lerine)[209]发展了不少仿真对策模型。在这些模型中个体不会全部追求理性的最优决策,同时,不同个体的决策会相互影响,从而在决策组中的不同组合可以进一步仿真模拟,进一步推动了有限理性的实践研究。

2.10.2　前景价值理论

从阿莱·帕瑞道克斯(Allais Paradox)提出质疑传统经济学的期望效用理论框架之后,关于这一理论出现两种研究方向:一种是对期望效用理论进行改进,随之出现了更为常规化的期望效用理论,如概率加权理论、等级依赖效用理论(rank-dependent utility)、预测效应理论(anticipated utility)等[210]。而另一种观点是完全放弃该理论框架,直接针对决策人行为研究进行解释,一般采用实验的方法。经济学家丹尼尔·卡内曼和阿摩司·特沃斯基在大量实验环境下提出的前景理论较为有代表性,得到国内外学者广泛关注[211]。

前景理论关注数值的增减程度,而不是简单数据的大小比较,这一增减程度是相对一个参考点来说的,将传统的价值分为损失和收益两个区间[212]。前景理论认为大部分决策者在对收益时会产生风险回避的态度,对损失时产生风险偏好的态度,而且决策者在面对损失时要比面对收益时表现得更敏感。

前景理论应用的前提是两阶段的决策过程,这两个过程的划分与有限理性假设基本一致,即信息接收、处理阶段和评估、决策阶段。第二个评估过程要求在第一阶段对数据进行预先处理,包括信息的归纳、计算,但是不同的归纳、计算会导致不同的选择,结合框架依赖效应,可能造成的后果就是,同一个体对同一行为的决策会导致不同的结果[213]。所以前景理论的主要内容包括以下几点:

(1)决策不只依赖简单数据的大小,更加依赖的是数值的增减程度。

(2)在相同的环境条件下,个体在决策时,对收益时会产生风险回避的态度,对损失时会产生风险偏好的态度。

(3)个体在面对损失时要比面对收益时表现得更敏感。

(4)上个时点的决策会影响下个时点的数值计算。上个时点的高收益会加强个体的风险偏好,而上个时点的高损失会提高下个时期的风险回避程度。

本研究中,体现前景理论的方法是,得出的收益不是直接对比,而是首先通过前景理论价值函数来得出价值,然后用价值进行对比。

前景理论价值函数如下:

$$v(x) = \begin{cases} x\alpha, & x \geqslant 0 \\ -\lambda(-x)\beta, & x < 0 \end{cases} \tag{2-1}$$

其中,α 代表着风险价值幂函数的收益区域凹凸程度,β 代表风险价值幂函数的损失区域凹凸程度,α、β 取值为(0,1),α 和 β 越大,表示决策人愿意冒更大的风险,参考相关研究,本书取值 $\alpha = \beta = 0.88$。λ 表示前景价值理论中损失和收益部分的不同,当 $\lambda > 1$ 时表示同样数量的损失相比同样数量的收益更能引起决策人的心理变化,意味着决策人对损失更为敏感,为了便于对矿工的决策进行研究,在本研究中 λ 取值 2.25。

前景理论价值函数呈"S"形(图 2-7),收益区间为凹函数,损失区间为凸函数。参照点是前景理论的核心,参照点也是有限理性的重要体现,即决策人并不是根据损失或收益的绝对量作为决策依据,而是选取一个参照点,并计算即将做出的决策相对于参照点的损益差值来判断[214]。

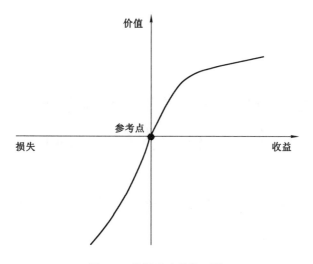

图 2-7 前景理论价值函数

第3章 基于内部控制的矿工不安全行为内控点分析

3.1 矿工不安全行为内部控制关键点识别及假设提出

矿工的安全行为是保证煤矿施工安全的主要因素。矿工在日常生产生活中接触频繁,并因此影响彼此间的行为。为了有效预控矿工的不安全行为,本节以矿工间的不安全行为作为切入点,基于扎根理论,通过对 S 煤炭企业矿工访谈过程进行编码处理,探索矿工不安全行为内部控制关键点,构建出矿工不安全行为内部控制关键点的概念模型,更加系统地分析该概念模型,最后,通过对模型理论饱和度检验,证明该模型中展现的脉络关系是饱和的,并得出结论。通过内部控制关键点的识别及文献研究提出内控点的假设。

3.1.1 矿工不安全行为内部控制关键点识别

3.1.1.1 扎根理论的选取

扎根理论是一种质性化研究方法,由施特劳斯和格拉斯于 1967 年提出,用来反击美国社会学界的巨型理论和经验性研究。扎根理论秉承了建构主义的本体论和相对主义的认识论,致力于发展新理论,发掘对现象的新的认识和理解,研究过程强调的是数据收集和资料分析交互进行。主要是在经验材料的基础上进行理论的建构,研究开始之前研究者并没有提出理论假设,而是对原始资料进行总结归纳,从而上升到理论层次,是一种自下而上建构理论的方法。该方法要求研究人员深入到被研究群体的日常生活中收集资料,并从资料中形成概念、类属、假说和理论,这样理论就能根植于被研究者的意义世界,从而真实地再现社会本质[215]。

扎根理论区别于其他研究方法而独有的特征包括:① 连续比较,主要是指资料收集和资料分析是同时进行,伴随着整个研究过程,直至达到理论的饱和;② 理论抽样,根据研究过程中形成的概念、范畴或理论有目的性地选择样本;③ 理论敏感性,对于扎根理论研究非常重要,是研究者透过现象挖掘其深层次内涵所具有的能力。扎根理论的基本方法和主要思想体现的是资料的编码,用于解释和分析被访谈者的访谈回答。其分为三个步骤:① 开放性译码,是将资料记录及抽象出来的概念"打破"、"揉碎"并重新组合的过程,其目的是将资料集逐步进行概念化和范畴化;② 主轴编码,把得到的范畴连接起来,找出其相互关系,其中与研究问题最为相关的是主范畴,其他相关范畴为副范畴;③ 选择性编码,选择核心范畴并与其他范畴加以联系,验证关系,补齐概念化尚未完备的范畴。其核心是同步进行的数据收集与分析过程,在资料与理论之间不断比较、归纳与修正,直至形成一个能够反映现象本质和意义的理论[216]。扎根于资料中建构理论,提高所发现理论的准确性和异质性[215]。鉴于此,该方法已被广泛运用。目前关于矿工不安全行为内控点的模型和测量量表均未成熟,用定量的方法通过测量来研究这一主题有很大的难度。故此,本章将以扎根理论为工具,对矿工不安全行为进行分析,为更好地确定其内控关键点提供理论基础。

(1) 数据来源

为了更好地了解矿工不安全行为的实际发生情况,本研究采用了深度访谈方法,对 S 煤炭企业的矿工进行实地调研。通过对矿工下井前培训现场的47 名工作人员进行实地访谈,了解矿工的生存现状、矿工特征、作业特点、日常作业习惯等,为确认矿工不安全行为内部控制关键点奠定基础。基本概况见表 3-1。

表 3-1　　　　　　　　　　　调研中访谈对象的基本概况

项目	选项	人数	所占比例/%
年龄	25 岁以下	6	12.77
	25～30 岁	10	21.28
	31～35 岁	13	27.66
	36～40 岁	9	19.15
	41～45 岁	7	14.89
	46 岁以上	2	4.25
学历	高中及以下	11	23.40
	大专	19	40.43
	本科	15	31.91
	硕士及以上	2	4.26
工龄	1 年以下	4	8.51
	1～4 年	16	34.04
	5～10 年	18	38.30
	10 年以上	9	19.15

在访谈前,先向被访者介绍相关的访谈背景资料并进行讨论,确保被访者能对访谈中涉及的专业术语了解清楚,然后进入主题进行深入访谈。访谈时,在听取被访者对周围不安全行为看法的同时,更加注重被访者对问项的补充回答,甄选并删除不诚实和冲动回答。访谈后,通过对原始资料进行整理,剔除不符合要求的 6 份资料,最终得到了用于扎根理论分析的原始资料,将剩余的 41 份访谈文本资料进行编码,提取出用于识别矿工不安全行为内部控制关键点的相关概念。

(2)访谈提纲

基于扎根理论,并围绕矿工不安全行为的研究内容,通过对我国企业内部控制规范的研究并结合煤炭企业关于不安全行为研究的档案资料,从内部控制五要素(内部环境、风险评估、控制活动、信息与沟通、内部监督)入手来共同拟定本书的访谈提纲。主要访谈提纲如下:① 您觉得目前公司有清晰的安全战略规划吗?[217]② 您认为目前公司的组织管理框架清晰吗? 分工明确吗?[217]③ 您认为其他部门能良好地配合您所在的部门进行工作吗?[218]④ 您认为企业安全文化对工作有何影响?[219]⑤ 您能及时识别生产中的风险吗?[218]⑥ 您认为企业对矿工行为风险评估应该注重哪几点?[218]⑦ 您认为风险事件给您造成了什么损失?[219]⑧ 您认为什么控制政策能帮助控制不安全行为?[217]⑨ 您认为通过何种手段可以使企业达到安全生产?[218]⑩ 您在工作中如何与企业及时沟通?[220]⑪ 您认为安全信息如何传递才能行之有效?[220]⑫ 您认为哪种类型的安全监督检查对控制不安全行为更有成效?[217]访谈时,首先引导受访者自己列举一些不安全行为,然后进行提问。为了确保访谈质量,要求每次访谈在 25 分钟以上,并对访谈过程进行录音,归纳整理访谈文字,为之后的变量选取和调查问卷设计提供参考。

3.1.1.2　内控关键点识别过程

(1)开放式编码

首先,整理 41 个随机样本中被访者答案。其次,将整理好的资料进行编码,一般流程如下:① 贴标签:将收集的访谈资料中涉及不安全行为传播的话语用“ax”来表示;② 定义现象:对“ax”现象进行简单概括和描述;③ 概念化:对“ax”进行更具体的分类,分类后用“Ax”表示;④ 范畴化:对上一环节的概念化分类进行更详细的归类,用“AAx”表示。经过开放性编码后,最终得到描述矿工不安全行为内控关键点的标签 48 个、概念 28 个、范畴 12 个,见表3-2。

表 3-2　　　　　　　　　　　　　开放编码范畴

编码过程

访谈资料(贴标签)	定义现象	概念化	范畴化
"风险不可预测,所以我有时候会怀着侥幸心理做违章行为,最后证明也没啥大事(a1)……""我会识别风险,但是我在模仿(a2)他们的违章行为之后,感觉确实很方便(a3)……""我就想尝试一下这种行为(a4),风险大家都知道是什么……""风险一般都是公司承担(a5),我不用顾虑风险……""井下本身是一个密闭的空间,发生事故的概率本身就高(a5),即使在井下不吸烟,有时还会发生瓦斯爆炸(a1)……"	a1 侥幸心理 a2 模仿心理 a3 投机取巧 a4 尝试态度 a5 风险意识	A1 心理活动(a1、a2) A2 安全态度(a3、a4) A3 组织忠诚心(a5)	AA1 矿工个体安全意识(A1、A2、A3)
"有一个工友就是因为缺乏安全知识(a6),发生意外,被送去医院治疗……""我和大部分工友都是大专水平,文化程度低(a8),所以不容易识别危险隐患(a7)……""我们文化程度低(a8),也意识不到自己发生了不安全行为(a9)……"	a6 缺乏安全知识 a7 不能识别危险隐患 a8 学历较低 a9 不能正确识别不安全行为	A4 学历水平(a8) A5 行为认知水平(a7、a9) A6 安全知识欠缺(a6)	AA2 矿工个体安全知识(A4、A5、A6)
"如果我对班组长揭发一些不安全行为,可能会减少不必要事故的发生(a10)……""我们班组长经常告诫我们在井下作业要注意安全(a10),而且我也知道他一直在电脑前实时观看我们井下的监控画面(a12),监督我们的生产安全(a12)……""我们都想做安全标兵,所以安全标兵是我们学习的对象,我们希望可以和他们进行更多交流(a11)……""比起班组长,我更想成为标兵,成为大家学习的对象,告诉大家不安全行为(a11)……""班组会告诫我们不能进行不安全行为,让我们有秩序地工作(a13)……"	a10 班组长的管理 a11 安全标兵的示范 a12 班组长的监督 a13 班组长的训诫	A7 与管理者的沟通(a10、a13、a12) A8 与安全标兵的沟通(a11)	AA3 成员间的沟通(A7、A8)
"我们之间是存在小群体的,即使表面上不存在,私下也是客观存在的(a14)……""我们班组多数人都来自一个地方(a15),脾气性格、饮食习惯都挺相近的(a17),我们闲暇时经常在一起打牌聊天(a16)……""我们都会介绍合适的亲戚朋友来这里一起工作,因为在井下工作工资待遇不错(a15)……""我们几个工作时间基本一致,在井下工作也经常在一起(a18)……""我和他是负责采煤的,所以我俩在工作时可以互相交流,互相指点(a19)……"	a14 小群体客观存在 a15 地域、血缘关系 a16 交际连接 a17 脾气性格 a18 工作密切度 a19 技能相关性	A9 群体存在(a14) A10 生产连接(a18、a19) A11 生活连接(a15、a16、a17)	AA4 成员间的关系(A9、A10、A11)

编码过程

访谈资料(贴标签)	定义现象	概念化	范畴化
"不安全行为习惯有很多,比如不戴安全帽,设备启动碰到人,造成人员伤害等(a20)……"	a20 不安全习惯	A12 习惯影响(a13)	AA5 矿工个体安全习惯(A12)
"如果实施不安全行为被发现,罚款数额超出我的支付能力的时候,我就肯定不会做了(a22)……""如果出现事故,大家都要负责,其实对个人来说,负担的责任就不是很重了(a24)……""如果能带来经济奖励,肯定就会特别注意安全(a21)……""如果这些行为能导致被开除,那肯定就会注意安全(a23)……""当时说要开除一个人,最后拖了好久才开除(a23)……"	a21 奖励机制缺失 a22 罚款力度低 a23 开除处罚执行力缺失 a24 法不责众,责任分摊	A13 劳务奖惩完善不够(a21、a24) A14 力度没有警示作用(a22、a23)	AA6 奖惩制度(A13、A14)
"有时候安全培训内容很单调无聊,就有点不想参加(a26)……""在井下工作安全是第一位的嘛,我非常注意安全培训,每次都会准时参加,认真听讲,对我和我的工友的帮助很大(a25)……""培训通常都是单一的形式(a27),我们都听腻了……""培训有时候比较无聊(a28),很多人都会干自己的事……"	a25 安全培训重要 a26 培训方式缺乏吸引力 a27 培训形式单一 a28 培训内容无趣	A15 培训形式(a27、a26) A16 培训内容(a28、a25)	AA7 教育与培训(A15、A16)
"虽然安全规章挂在墙上显眼的位置,但我们很少会仔细阅读(a29)……""我会认真熟背安全自救知识,还会在吃饭时和工作时给关系好的工友说(a30)……""我觉得好多规程都不太实用(a33)……""我和工友都觉得记不住规程,只能记得大概(a32)……""规则当然重要,是管理的依据(a31)……"	a29 吸引力低 a30 口口相传 a31 安全准则很重要 a32 不易记忆 a33 不合实际	A17 制定准则(a31) A18 通俗易懂执行度高(a29、a30、a32、a33)	AA8 安全规程(A17、A18)
"我们接收上级信息都是通过下井前的培训得知(a35)……""我们很少和别的部门进行联系,不知道怎么联系(a34)……""我和大多数工友的家人都搬来煤矿和我们一起生活,因为煤矿本身就在郊区,除了家人和工友也没什么交际圈(a36)……""在井下工作是封闭的工作环境,平时外界信息很少(a37)……"	a34 通信方式闭塞 a35 获取信息途径单一 a36 煤矿交际闭塞 a37 工作空间密闭	A19 通信单一性(a34) A20 信息封闭性(a35) A21 煤矿封闭性(a36、a37)	AA9 信息接收方式(A19、A20、A21)

编码过程

访谈资料（贴标签）	定义现象	概念化	范畴化
"我觉得合理分工对我们的工作而言很重要（a38）……""我们需要更及时的反馈机制（a39），有时候问题反馈之后就没有音讯了，也没有得到解决（a40）……""我觉得不能把权利都分配给班组长（a41）……"	a38 合理分工 a39 及时反馈 a40 反馈效果 a41 权利分配	A22 分工机制（a38、a41） A23 反馈机制（a39、a40）	AA10 组织结构（A22、A23）
"企业的价值观对我们影响很深刻（a42）……""企业处理安全事件的态度就让我们感受到企业对安全的关注（a43）……""如果我们的安全行为能得到表扬的话，当然会对我们的发展好，我们就会选择安全行为（a44）……"	a42 价值观 a43 处事方式 a44 安全激励	A24 安全价值观（a42） A25 安全制度文化（a44、a43）	AA11 企业文化（A24、A25）
"企业的安全考核标准对我们而言不是太明确（a45）……""企业对工人的安全知识考核还是不多，我觉得可以举行一些丰富多彩的知识考核比赛（a46）……""对安全规程的记忆进行考核会使我们更加牢记规程，而且考核就会带来奖惩，这样通过考核还能得到奖励呢（a47）……""我觉得对目前的安全考核内容需要进行更新（a48）……"	a45 考核标准 a46 知识考核 a47 规程考核 a48 整改考核	A26 考核方式（a48） A27 考核内容（a46、a47） A28 考核标准（a45）	AA12 安全考核（A26、A27、A28）

（2）主轴编码

在开放性编码的基础上进行主轴编码，以不安全行为发生过程为视角，运用"典范模型"，将上文的 12 个范畴再次进行归类，得出基于主轴编码的五大类关系，最后得出矿工不安全行为内部控制关键点的典型模型，见表 3-3 和表 3-4。

表 3-3　　　　　　　　　　基于主轴编码的五大类关系

编号	主范畴	影响关系范畴
1	内部环境	AA10 组织结构 AA11 企业文化
2	风险评估	AA1 矿工个体安全意识 AA2 矿工个体安全知识 AA5 矿工个体安全习惯
3	信息与沟通	AA3 成员间的沟通 AA4 成员间的关系 AA9 信息接收方式

编号	主范畴	影响关系范畴
4	内部监督	AA8 安全规程 AA12 安全考核
5	控制活动	AA6 奖惩制度 AA7 教育与培训

表 3-4　　　　矿工不安全行为内部控制关键点的典型模型

编号	主范畴	内控关键点	对应范畴
1	内部环境	团队建设	AA10 组织结构 AA11 企业文化
2	风险评估	风险感知	AA1 矿工个体安全意识 AA2 矿工个体安全知识 AA5 矿工个体安全习惯
3	信息与沟通	沟通渠道	AA3 成员间的沟通 AA4 成员间的关系 AA9 信息接收方式
4	内部监督	安全监督	AA8 安全规程 AA12 安全考核
5	控制活动	安全管理	AA6 奖惩制度 AA7 教育与培训

（3）选择性编码

在以上两个环节归纳的基础上,运用选择性编码,将核心范畴与其他范畴之间建立联系,补充彼此联系之间的证据链,得到矿工不安全行为内控点的故事线如下:矿工的不安全行为的内部控制关键点可以描述为团队建设、风险感知、沟通渠道、安全监督、安全管理五点。首先,由于矿工对煤矿组织结构、企业文化的价值判断不同,会影响其团队建设,也就是内部控制中的内部环境的建设;其次,煤矿中矿工工作经验的差异以及受教育水平的参差不齐导致矿工个体安全意识水平、安全知识水平、安全习惯各不相同,共同影响矿工的风险感知,也就是内部控制中对不安全行为的风险评估;同时,成员间的沟通、成员间的关系、矿工信息接收的方式三个因素决定着矿工沟通渠道,体现为内部控制中的信息与沟通;此外,企业安全规程、安全考核作为煤矿中安全监督的环节直接影响矿工不安全行为,是内部控制中的内部监督;最后,奖惩制度、教育与培训作为煤矿安全管理的重要手段可以控制矿工不安全行为,对应内部控制关键点中的控制活动。这五个层面的共同作用就会造成不同的矿工不安全行为。本章研究的重点是对矿工不安全行为内部控制关键点的识别,所以,研究的核心问题可以概念化为"矿工不安全行为内部控制关键点的概念模型",如图 3-1 所示。

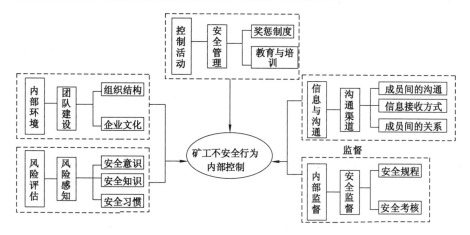

图 3-1　矿工不安全行为内部控制关键点概念模型图

3.1.2　内部控制关键点变量界定

上文采用扎根理论的研究方法,研究发现矿工不安全行为内部控制关键点包括团队建设、风险感知、沟通渠道、安全考核、安全管理五点,其中团队建设包括组织结构和企业文化;风险感知包括矿工个体安全意识、安全知识、安全习惯;沟通渠道包括成员间的沟通、信息接收方式、成员间的关系;安全监督包括安全规程和安全考核;安全管理包括奖惩制度、教育与培训。基于上述研究,对本书涉及的内部控制关键点变量进行描述:

(1) 被解释变量

在本研究中,矿工不安全行为指可能引发事故的所有矿工行为。

(2) 解释变量

① 组织结构

煤炭企业组织结构是指煤炭企业成员以实现安全生产的企业价值和主导业务流程优化为标准,以提升企业运行效率为基础,通过组建职能部门,将工作职能进行合理的分工,协调各种关系,在职位、权力、义务等方面所构成的有机结构体系。组织结构设置是否合理、信息反馈是否及时、分工是否合理是与煤炭安全生产相关的三个分析维度。

② 企业文化

詹宏宇[221]提出:企业文化是企业组织的核心文化,体现整个企业的价值观、信仰等,具有有别于其他企业的文化形象。企业的发展离不开企业文化,可以说文化是一个企业的灵魂。企业文化引导企业管理者和员工的所有行为在企业组织中有明确的目标,在企业活动中有明确的标准。

③ 矿工个体安全意识

个体安全意识是指为了使员工身心免于受到不利因素影响所存在的心理活动的所有条件与状态的总和。在煤矿生产中,安全意识是员工对所有可能伤害自己和他人的客观事物的警觉戒备的心理状态。事故是由于人的不安全行为和物的不安全状态引起的,而物的不安全状态主要是因为人的不安全行为造成的。影响不安全行为的根本原因是人的安全意识不到位,也就是说人们对生产、生活中可能伤害自己或者是他人的客观事物缺少警觉和戒备的心理。

④ 矿工个体安全知识

矿工的安全知识状态主要指的是其对工作环境危险性的认识、对各种安全知识技能的掌握、对自己安全行为知识的认识等。研究表明,员工对不安全行为知识的认识影响其不安全行为的选择。另外,员工经验、员工是否接受过安全教育、员工知识与员工技能、员工对事故隐患的认知都是影响员工不安全行为的重要原因[222]。对于煤矿生产来说,员工的各种安全知识主要是通过记忆储存在大脑里,在工作中需要通过外界刺激的激活才能出现。员工的安全知识主要受教育与培训的效果、管理沟通的效果、员工心理状态和身体状态等因素的影响。

⑤ 矿工个体安全习惯

个体行为习惯会在不知不觉中发挥作用,平时不良的生活习惯和作业习惯在特定情境下就会导致事故;对于煤矿系统而言,矿工不良习惯所带来的事故损失更是毁灭性的。从个体和群体行为模式的形成来看,矿工习惯性违章行为正是有意不安全行为和无意不安全行为在不当监督下稳定地形成的一种不易被发觉的行为习惯,包括注意惯性、认知惯性、思维惯性和行为惯性。

⑥ 成员间的沟通

矿工的活动是以矿工群体从事生产活动为主要活动内容,并按照所需工种、所要求的工序开展相关工作,并具有一定技能性劳动的群体性活动,如采煤、掘进、综机维修、通风等。煤炭企业中工友间的沟通、与管理者的沟通、与安全标兵的沟通是矿工是否选择不安全行为的一个因素,他们之间通过在工作中、生活中的交流和交往行为,形成了相互彼此影响的行为关系[192]。

⑦ 信息接收方式

信息接收方式是矿工在工作与煤矿生活中获取信息的方式。煤矿特殊的封闭性,使日常生活与工作皆在煤矿的矿工群体,与外界信息接触相对较少,信息接收方式单一。同时,在矿工生产生活中,现代先进的信息传播手段尚未得到充分运用,只有部分业务纳入信息化,尚未涵盖所有的业务流程。

⑧ 成员间的关系

矿工成员间的关系就是矿工在工作中的人际关系,可体现在生产与生活中,这种人际关系使得矿工具有群体特性,同样,正因为矿工并不是孤立存在的,而是置于群体中的个体,与群体成员间存在着联系和影响关系:首先是地域连接,群体成员间具有同地域特性,比如调研数据研究显示,联系多的群体成员大多数来自同一地区;其次是交际连接,以生活、性格为连接纽带的连接;此外还有寝食连接,属于同吃同住的连接关系,调研结果显示,同一班组成员吃住大多在一起[193]。

⑨ 安全规程

安全规程是指导矿工行为的重要依据。安全管理规程因素是指煤矿是否有规程、是否存在规程错误和规程不充分情况,虽然各煤矿企业大多数都制定了自己的安全规则、操作规范等制度,但在执行的过程中由于管理的约束力度不够或者管理中存在漏洞,经常会出现员工不遵守操作规范制度,甚至进行误操作[217]。

⑩ 安全考核

安全考核是实现安全目标最核心和重要的工作,通过对组织、员工的安全工作的管理和考核,一方面可以加强工人的安全意识,另一方面还可以集聚组织成员,从而使上级领导对安全管理高度重视,最终达到完善企业制度,促进企业长远发展的目的。安全考核能够提高组织和员工的安全意识,使公司的安全绩效考核工作更加完善,通过考核能够及时发现工作中容易出现的问题从而整改,有利于组织体系的完善,使相关制度更加全面[194]。安全考核是降低安全事故的有效手段,被考核者的觉悟在考核中慢慢得以提升,从而实现由被动到主动的转变。

⑪ 奖惩制度

制度对企业经营管理具有直接性和导向性,是企业劳动规章制度的"灵魂"和"生命",是保证企业有序运行的最重要的劳动规章制度之一。企业奖惩制度具有以下特征:第一是由企业依法制定并实施。企业奖惩制度的制定和实施必须符合法律法规和国家政策,违法的企业奖惩制度没有法律效力。第二是企业建立奖惩制度的目的是更好地组织劳动过程和进行劳动管理。企业为了良性运行,使企业劳动过程更顺畅、劳动管理更和谐而制定和实施奖惩管理。第三是企业奖惩制度仅仅在本企业内生效,是约束企业和员工双方在劳动过程和劳动管理过程中行为的规范性制度,是企业的劳动用工权和员工的民主管理权相结合的产物。企业具有制定奖惩规章制度的主导权,员工有参与制定奖惩规章制度的权利。第四是企业奖惩制度必须公开。未予公开的企业奖惩制度不具有法律效力[194]。

⑫ 教育与培训

安全教育与培训一般是指通过短期的,以了解和掌握一定的安全知识和技能为目的的教学活动。煤矿企业进行安全培训的目的就是在组织中创造一种学习的环境,在此环境下,煤矿工人的安全意识、安全价值观、工作态度和工作技能都能得以提升。通过安全教育与培训能影响工人行为[223]。

（3）控制变量

① 年龄

年龄代表着矿工的人生阅历和风险及价值观取向，与其工作经验、适应能力以及处理事情的方法等息息相关，从而影响他们的行为选择。田水承等[59]研究指出年龄越大的矿工对工作的现状有更大的心理认同，不会轻易改变现状，他们可能更关注他们的经济利益和职业的稳定性，倾向于采取风险较小的行动。与年老的矿工相比，年轻的矿工更倾向于高风险的行为。

② 工龄

职工以主要来源的工作时间或工资收入为生活的全部。田水承等[59]研究指出，矿工工龄的长短标志着职工参加工作时间的长短，也反映了职工对社会和企业的贡献大小和知识、技术熟练程度的高低。

③ 学历

教育水平反映了一个人的认知能力和专业技术水平。田水承等[59]研究指出，矿工教育水平越高表明他们风险感知能力和适应环境变化的能力越强，越具有较高的安全信息处理能力以及应对工作环境快速变化的决策能力和应对问题的胆识。

鉴于以上理论，同时考虑变量的可量化性，构建如表 3-5 所列的模型。

表 3-5　　　　　　　　　　　变量模型表

类别	变量名称	变量定义
被解释变量	矿工不安全行为	引起事故或可能引起事故的矿工行为
解释变量	组织结构	企业在职位结构、反馈机制等方面所构成的结构体系
	企业文化	企业的核心价值观、企业激励制度和企业文化氛围
	矿工个体安全意识	安全意识是员工对可能伤害自己或他人的事物的警备心理状态
	矿工个体安全知识	对工作环境危险性知识的认识、对安全知识的掌握程度、对安全行为知识的认识
	矿工个体安全习惯	一种稳定而不易被发现的有意和无意的安全行为习惯
	成员间的沟通	矿工与工友、安全标兵及上级的沟通
	信息接收方式	矿工在煤矿封闭环境下获取信息的途径
	成员间的关系	工友间的人际关系决定其信息的获取与沟通方式的不同
	安全规程	指导矿工行为的重要依据

类别	变量名称	变量定义
解释变量	考核标准	通过对组织、员工的安全工作的管理和考核,加强工人的安全意识,集聚组织成员,完善企业制度
	奖惩制度	保证煤炭企业安全有序运转的最重要的劳动规章制度之一
	教育与培训	通过短期的,以掌握一定的安全知识和技能为目的的教学指导活动
控制变量	年龄	年龄状况从低到高依次赋值为 1 到 4
	工龄	工龄状况从低到高依次赋值为 1 到 4
	学历	学历水平从低到高依次赋值为 1 到 4

3.1.3 研究假设

（1）团队建设与不安全行为

黎伦武[224]在研究教育培训企业的内控体系中提出良好的团队建设会对员工行为产生影响,并说明了企业组织文化对员工行为的影响程度。段新庄[225]在研究中指出,企业应该通过主动建立和加强良性的控制环境,引导、激励人们正确地履行责任,实现企业的经营目标,将外来的压力变成人们内在的动力。在这个过程里,控制环境逐渐与企业文化的融合。朱盆兄[226]等学者在研究员工行为控制中提出,企业文化是一种具有凝聚力和向心力的精神文化,是企业的灵魂,其目的也在于培育一种积极向上的精神。企业员工的心是被企业文化凝结在一起的,它使企业员工有一个共同的理念,企业员工也会为这个共同的理念而共同奋斗。同时企业文化也包含在制度文化中,企业文化对员工行为有约束力、同时对员工也有感召力,它能增强员工自身的使命感和责任感,从而为企业创造更多的利益和成果。一个人最高的精神需求便是自我价值的实现,企业文化是员工共同的价值观念,这种价值观念使每个企业员工明确了自己的奋斗目标。企业文化给员工缔造的这种价值观念会对员工形成强大的刺激,并会想方设法地回报企业。因此企业文化的核心内容应该是以人为本,打造适合企业自身特点的文化,让企业员工在企业文化的引领下不断努力拼搏,自觉维护企业和员工个人的利益和形象。段新庄[225]在研究内部控制中指出一个好的组织,必须具备合理、完备的结构设计,同时各个内部"零件"有机地结合,减少内部的冲突和浪费,找出和发现能有效提高组织效率的组织构成。企业组织结构建设,会直接影响企业的经营成果以及控制效果。组织结构构建的一个重要方面在于界定关键区域的权责和建立有效的沟通渠道。组织结构既不能简单到管理者无法有效地监管企业的各项活动,也不能复杂到阻碍业务的正常运行,以及必要的流通,影响员工的行为。良好的组织结构必须要以执行工作计划为使命,并且具有清晰的职位"层次顺序"、流畅的"意见沟通"管道、有效的"协调"与"合作"体系,只有这样,才能最大限度地提高组织效率。据此,提出以下假设:

H1a:组织结构与不安全行为负相关。

H1b:企业文化与不安全行为负相关。

(2) 风险感知与不安全行为

在本书研究中,风险感知指的是个体在某一特定时刻对特定的客体实际与预期之间差别的直接感受。薛明月[227]提出矿工的行为与选择都建立在感知的基础上,对不安全行为的认知和选择建立在风险感知的基础上。郭彬彬[41]提出,直接影响矿工风险感知的是其安全知识状态。矿工的知识状态主要是指其对工作环境危险性知识的认识、对各种安全知识的了解掌握程度、对自己安全行为知识的认识等。对于煤矿生产来说,矿工的各种安全知识主要是通过记忆储存在大脑当中,在生产工作中需要通过外界刺激的激活才能显现出来,影响工人的行为决策。工人记忆的安全知识可能有很多,但在实际中激活的知识可能较少,并且不同的工人、不同的环境被激活的知识往往也是不同的。同时,许多的研究表明,员工的不安全行为知识影响其不安全行为的选择。例如,王心怡[57]研究指出,缺乏事故危险性知识、缺乏安全管理相关知识和环境知识是导致矿工违规操作的主要原因。另外,矿工经验、是否接受过安全教育、知识与技能、对事故隐患的认知都被一些学者当成影响矿工不安全行为的重要原因。常悦[228]研究提出,控制人为失误要提高全体员工的安全意识水平。个体安全意识水平是对其安全行为态度的一种表达,是矿工心理、知识、身体、组织忠诚心和工作努力程度的综合体现。郭彬彬[41]提出,直接影响矿工风险感知的是其安全意识水平。孙成坤等[229]在研究煤炭企业的事故致因时提出矿工个体安全意识水平是影响矿工行为安全的重要因素。郭彬彬[41]提出,安全意识水平高的矿工能够保持较高的安全戒备心理,积极调动自己大脑中的安全知识,努力保持较好的身体状态,自觉地遵守各项安全操作流程和表现出较高的工作努力程度等等。常悦[228]研究提出,控制人为失误要指导矿工系统学习安全知识并养成工作中以安全角度看待和处理问题的习惯。傅贵等[230]在研究矿工不安全行为中指出,煤炭企业发生事故的风险主要在于员工个体安全习惯。据此,提出以下假设:

H2a:矿工个体安全意识与不安全行为负相关。

H2b:矿工个体安全知识与不安全行为负相关。

H2c:矿工个体安全习惯与不安全行为负相关。

(3) 沟通渠道与不安全行为

完善的沟通渠道,是控制不安全行为最重要的环节。只有充分的交流沟通,才能确保上情下达、下情上报,促进部门间的协调与配合,正常开展各项工作。信息接收与反馈得全面,才能总结和分析安全相关经验,及时识别不利于安全的征兆,以便在出现严重问题前采取必要的纠正措施,避免相同或者是相似事件的重复发生。屈婷[231]提出企业随时都存在着沟通,但沟通的缺乏与不顺畅是大多数煤矿企业的通病。在传统的安全管理模式中,有关安全信息的沟通渠道一般都是单向的,大部分都是以自上向下方式逐级传递,缺少由下至上对安全信息的反馈渠道,企业制定的各项安全规章制度,基层员工只能被动地接受和执行。所以他们觉得安全事务是企业安全管理部门的事,与自己无关,即使发现安全隐患或存在未遂事件,也很少有人愿意主动上报。在煤炭企业中,沟通失效是造成事故的一项主要的人为失误,包括设备状况信息在交接班时沟通的不充分,设备操作人员之间信息沟通的不充分,企业没有鼓励有效沟通的政策等。周丹等[232]在对建筑工人的不安全行为发生机理研究中提出,人的不安全行为发生与成员间的沟通有密切关系。工友关系是工人在生产工作活动中相互结成的关系,他们通过在工作、生活中的安全交流、沟通等行为,凝成了相互影响对方的行为关系。薛明月[227]在研究矿工不安全行为发生机理中提出,在矿工群体中成员的沟通会潜移默化地影响员工认知的状态以及对不安全行为的判断,最终使员工做出不安全行为的选择。王宏姣[233]研究指出,矿工在群体成员间的关系作为成员的共享认知,包含了对群体内部成员行为的集体认知。在煤矿企业,矿工划分到不同的班组,各班组组成队或者部门,每个班组有十几个矿工,矿工的工作行为主要是在生产过程中的班组群体中发生的,必然会受到其所在班组的工友行为的制约和影响。张建国[234]提出,成员间的关系会导致矿工产生从众行为、形成班组压力。同时,基层管理者与矿工接触最紧密也最多,为此对矿工行为的影响最大,中层管理者次之,高层管理者最低。据此,提出以下假设:

H3a:成员间的沟通与不安全行为负相关。

H3b:信息接收方式与不安全行为负相关。

H3c:成员间的关系与不安全行为负相关。

(4) 安全监督与不安全行为

薛明月[227]在研究中指出,员工的内在认知状态容易受安全规程的影响。在煤矿企业中,安全规程只有被员工理解记忆才能起到作用,所以安全规程要设计合理。此外安全规程影响员工的工作效率,因此它也间接地影响员工的心理、生理状态等。安全规程的合理性为矿工的安全行为提供心理暗示,对行为结果预期的主观性是导致矿工错误选择不安全行为的心理机制。郭彬彬[41]在研究矿工不安全行为中提出,建立科学合理的安全规程,使每一项工作、每一个环节都要达到规程要求,做到人人有标准、事事有标准,时时有标准、处处有标准,使工人在不知不觉中产生一种自我约束倾向和潜在行为准则。王敬阳[235]指出,在煤矿企业中,安全问题一直被非常重视,对于安全的考核结果往往被计入工资的一部分,那么安全考核便具有激励作用,安全考核的结果,将作为员工工资调整以及职位晋升的重要的参考依据。煤矿安全精细化的安全考核激励机制,包括年度、月度安全管理考核指标,各单位、各岗位的年度、月度安全管理目标及考核标准,根据各岗位的考评周期,煤矿采取一级考评一级的原则,定期对各岗位完成的安全考核指标的情况进行考评,考评结果将直接影响到员工的绩效工资、年度评先评优表彰奖励等。据此,提出以下假设:

H4a:安全规程与不安全行为负相关。

H4b:安全考核与不安全行为负相关。

(5)安全管理与不安全行为

郭彬彬[41]对矿工管理进行研究,形成了一种全新的安全管理理念——求真务实的管理矿工行为,从尊重职工的生命权,从促进企业健康发展的需要思考安全,这是企业控制矿工安全活动的重要部分。薛明月[227]提出,安全教育和培训影响员工的认知状态水平。安全教育与培训可以提高员工的安全知识,改善组织忠诚心和工作努力程度等,从而提高其行为决策的科学性。郭彬彬[41]通过研究得出,安全培训会通过影响工人的安全意识来影响工人的不安全行为,同时也会通过影响工人的工作压力影响其不安全行为。安全教育和培训的目的就是为了通过对广大员工的教育、培训,提高他们的安全意识,使他们在工作实践中的不安全行为减少,或使不安全行为有效地转换为安全行为。田超群[236]指出,通过安全培训可以增加从业人员的安全知识,改变安全态度,提升安全意识,增强安全技能,也可以有效地改变人的安全习惯,进而改变人的安全行为,从而提高安全生产现状。张国光[237]提出,安全培训是从事故发生的直接原因(人因)入手,从而最有效地防止事故的发生。因此,有效控制煤矿事故的重要手段就是要从根本上加强对煤矿从业人员的管理与控制,通过安全培训提高从业人员的安全意识和知识技能水平。大多矿工参与煤矿生产的根本目的在于追求个人利益,获得劳动报酬,因此奖惩制度是矿工选择行为的最直接、最根本的因素。据此,提出以下假设:

H5a:奖惩制度与不安全行为负相关。

H5b:教育和培训与不安全行为负相关。

3.1.4 小结

本节基于内部控制五要素,运用扎根理论分析,通过深度访谈法对 S 煤炭企业进行调查研究,识别了矿工不安全行为内部控制关键点并构建出矿工不安全行为内部控制关键点的概念模型。在此基础上,对研究所需变量进行选取和界定,提出了内部控制关键点与不安全行为之间的关系假设,为接下来的研究奠定了基础。

3.2　实证研究设计

本节在前文识别矿工不安全行为与其内部控制关键点的基础上,使用文献分析法针对矿工不安全行为的内部控制关键点编制调查问卷。在对所收集数据的分析处理基础上建立矿工不安全行为内部控制关键点指标体系,并通过信度、效度分析验证,为下文验证假设模型做好数据收集的准备工作。

3.2.1　问卷编制

（1）问卷编制原则

为了能够使问卷真实客观地反映本次调研的目的,如实地反映被调查者的想法,尽最大限度获取有效信息,本研究在编制调查问卷时遵循了以下原则:

a. 主题鲜明。围绕本书所研究的潜在变量指标拟定问题,提问的目的明确,重点要点突出。

b. 层次合理。问卷上所列出的问题,在顺序的安排上应符合被调查者的思维习惯,问题的安排顺序应做到先易后难,先简后繁。

c. 通俗易懂。问卷中的问题通俗易懂,没有歧义性。

d. 题量适当。调查问卷中的问题数量要适当。实践证明,被调查者回答问题的时间一般应在几分钟之内,最好不要超过 25 分钟,以保证调查的质量。另外问卷采用闭卷,被调查者只需从答案中选择即可,以保证质量。

e. 便于汇总。问卷的编制应便于计算机处理,容易编码、录入、汇总等。

（2）问卷结构和评分标准

问卷包括三个部分:第一部分为问卷说明,对此次调查问卷的意图和填写过程中的一些注意事项进行说明;第二部分是对问卷填写者的一些基本信息及客观情况的了解;第三部分是变量测量的题项部分,采用 Likert5 级问卷评价法,请问卷填写者根据自己的真实意愿对相关题项的认同程度进行选择,"1"表示完全不同意、"2"表示不同意、"3"表示不确定、"4"表示同意、"5"表示非常同意。

3.2.2　变量设计

（1）团队建设变量设计

管理学家罗宾斯对团队的定义是:团队是由至少两个人组成,为了相同的目标,相互作用、相互依赖,按照一定规则结合在一起的群体。洪川等[238]认为,团队是由两名或两名以上来自于不同的文化背景、拥有互补职能的成员组成,通过协调、沟通、合作等过程共同研发某种产品为任务,达到特定目标的群体。谢颖[239]指出,只有团队成员团结为一个整体,才能形成一股强大的力量来应对企业所面临的各种困难和挑战。

段新庄[225]在研究内部控制中提出一个好的组织,必须具备合理、完善的结构设计,同时各个内部"零件"有机结合,以减少内部冲突和资源的浪费,找出能有效提高组织效率的组织构成。企业组织结构建设,会直接影响到企业经营的成果及控制的效果。组织结构构建的一个重要方面,在于界定关键区域的权责和建立有效的沟通渠道。良好的组织结构必须以实施工作计划为使命,并具有清晰的职位"层次顺序"、流畅的"意见沟通"渠道、有效的"协调"与"合作"体系,只有这样,才能最大限度地提高组织效率。

本书对企业文化主要从企业价值观、企业激励制度和企业文化氛围三个方面进行界定。价值观是企业在长期生产实践中形成的能够反映企业个性和本质特点的意识形态和思想理念,是对企业多数员工思想行为具有引领作用的思想境界。本书主要阐述煤炭企业的价值观,主要包括企业拥有共同的价值观和信念体系、企业安全文化建设程度、对人才的重视程度等。企业价值观固然重要,但是只停留在观念上,若没有具体制度给予保障,企业日常经营活动仍然无法正常进行。企业激励制度是企业高效、稳定、有序运行的保证,是其日常经营活动顺利开展的必要条件。企业激励制度包括领导的期权激励占营业收入的比例、管理人员薪酬与企业员工平均薪酬的比较、对优秀员工的额外奖励、对突出贡献的员工成果宣传、对员工工作环境的重视程度、知识共享体系和企业激励机制的健全程度等。企业文化氛围即企业文化环境,对企业任何活动都会起到作用,企业任何活动也会反馈于文化氛围,因此企业文化氛围十分重要,不管部门还是团体甚至是小组都会潜移默化受到企业文化氛围的影响。企业文化氛围的内容有工作挑战程度、上级决策程度、企业鼓励员工从自身及他人的经验中学习、企业领导与企业员工的沟通情况、知识共享情况、企业鼓励员工创新发明、团队合作氛围、企业人际关系融洽度、企业与外部的合作情况。

本研究将团队建设的测量指标设计为组织结构和企业文化。这两个维度各自为一个潜在变量,所以对团队建设的测量就是对这两个潜在变量的测量。组织结构包括组织管理框架、合理的分工、信息反馈三个指标;企业文化包括安全文化、安全激励和文化环境三个指标。具体见表 3-6。

表 3-6　　　　　　　　　　　　团队建设的测量指标

团队建设	编号	测量题项
组织结构	A1	您认为明确的组织管理框架会影响到矿工不安全行为
	A2	您认为及时的信息反馈会影响到矿工不安全行为
	A3	您认为企业的合理分工会影响到矿工不安全行为
企业文化	A4	您认为团结、安全的企业文化会影响到矿工不安全行为
	A5	您认为对安全行为的表扬会影响到矿工不安全行为
	A6	您认为企业的文化环境会影响到矿工不安全行为

（2）风险感知变量设计

心理学研究领域有一个概念是风险感知，它常被用来描述个体对风险的直觉判断和主观态度，这种通过主观判断和主观感受所获得的经验会对个体的行为产生影响，是人们对风险的一般评估和反应。孙成坤等[229]在研究煤炭企业的事故致因时提出，矿工个体安全意识水平是影响矿工行为安全的重要因素。郭彬彬[41]提出，安全意识水平高的矿工能够保持较高的安全戒备心理，积极调动自己大脑中的安全知识，努力保持比较好的身体状态，自觉地遵守各项安全操作规章规程和表现出较高的工作努力程度等。王心怡[57]研究指出，缺乏事故危险性知识、缺乏安全管理相关知识和环境知识是导致矿工违规操作的主要原因。傅贵等[230]在研究矿工不安全行为中指出，煤炭企业发生事故的风险主要在于员工个体安全习惯。

本研究将风险感知的测量指标设计为矿工个体安全意识、矿工个体安全知识和矿工个体安全习惯。这三个维度各自为一个潜变量，所以对风险感知的测量就是对这三个潜变量的分别测量。矿工个体安全意识包括安全心理、安全态度、组织忠诚心三个指标；矿工个体安全知识包括环境危险识别、隐患识别、行为认知水平三个指标；矿工个体安全习惯包括习惯动作、惯性思维、操作习惯三个指标。具体见表 3-7。

表 3-7　　　　　　　　　　　　　　风险感知的测量指标

风险感知	编号	测量题项
矿工个体安全意识	B7	您认为尝试态度会使矿工发生不安全行为
	B8	您认为模仿、侥幸心理会使矿工发生不安全行为
	B9	您认为对组织的忠诚心会影响矿工发生不安全行为
矿工个体安全知识	B10	您认为对工作环境危险性的识别会影响到不安全行为
	B11	您认为对安全隐患的及时识别会影响到不安全行为
	B12	您认为较高的安全知识水平会产生更多安全行为
矿工个体安全习惯	B13	您认为矿工工作中的习惯动作会影响到不安全行为
	B14	您认为矿工平时的惯性思维会影响到不安全行为
	B15	您认为矿工对用具的操作习惯会影响到不安全行为

（3）沟通渠道变量设计

沟通渠道反映了企业决策层对员工的重视程度和安全的重视程度。建立良好的沟通渠道，充分地发挥沟通的控制功能与信息传递功能，激发员工的归属感，使广大员工以主人翁的积极姿态出现在企业的安全体制建设中，使企业的安全意志变为全体员工的共同意志，企业的安全目标变为全体员工共同奋斗的目标,这种人性化的企业安全行为不再是一种带有强制性的行动,而是职工自我安全价值不断提升和不断实现的过程[231]。成员间良好的沟通能激励员工工作,有益于提高员工参与度和员工安全意识。企业沟通渠道明晰畅通,及时地反馈和改进效果的落实,形成闭回路,体现了企业对员工工作的重视,体现企业能够收集大量基层员工对安全的建议从而解决实际工作中的安全问题,有助于提升员工安全参与积极性。良好的沟通形式,激励人们对安全问题进行沟通,在不断沟通中促使员工安全意识的不断增强[234]。沟通媒介的质量对信息的流通起到关键性的作用,如中介人和各种沟通工具、手段、技术、设备等不合适时,对员工心理可能会造成负面的影响,进而导致员工不安全行为的发生。沟通在企业内部随时随地都存在,但员工信息接收方式的单一是多数企业的通病。个人反馈是指组织成员对于从组织中得到的关于自身表现的评估信息的满意程度。个人反馈不好会使员工产生负面情绪,一旦这种情绪的传播成为一种群体情绪,将会影响整个安全生产的良性循环[240]。

本研究将沟通渠道的测量指标设计为成员间的沟通、信息接收方式、成员间的关系。这三个维度各自为一个潜在变量,所以对沟通渠道的测量就是对这三个潜在变量的分别测量。成员间的沟通包括企业自上而下传达信息、工友之间的安全交流、对信息的个人反馈三个指标;信息接收方式包括沟通氛围、媒介质量、单一的信息接收方式三个指标;成员间的关系包括血缘关系、兴趣爱好、寝食连接三个指标。具体见表3-8。

表 3-8 沟通渠道的测量指标

沟通渠道	编号	测量题项
成员间的沟通	C16	您认为企业自上而下传达信息的方式会影响到矿工不安全行为
	C17	您认为工友之间在工作、生活中的安全交流等行为会影响到矿工不安全行为
	C18	您认为对信息的个人反馈会影响到矿工不安全行为
信息接收方式	C19	您认为接受信息的媒介质量会影响到矿工不安全行为
	C20	您认为企业良好的沟通氛围会影响到矿工不安全行为
	C21	您认为单一的信息接收方式会影响到矿工不安全行为
成员间的关系	C22	您认为有血缘关系的矿工会影响彼此的不安全行为
	C23	您认为兴趣相投的矿工会影响彼此的不安全行为
	C24	您认为同吃同住的矿工会影响彼此的不安全行为

（4）安全监督变量设计

本研究将安全监督的测量指标设计为安全规程和安全考核。这两个维度各自为一个潜在变量,所以对安全监督的测量就是对这两个潜在变量的分别测量。安全规程包括安全规程的效果和设计两个指标;安全考核包括考核标准的严格性和考核制度的清晰性两个指标。具体见表 3-9。

表 3-9　　　　　　　　　　　　安全监督的测量指标

安全监督	编号	测量题项
安全规程	D25	您认为严格的安全规程会影响矿工不安全行为
	D26	您认为合理的安全规程设计会引发更多安全行为
安全考核	D27	您认为严格的考核标准会影响矿工不安全行为
	D28	您认为清晰的安全考核制度会影响矿工不安全行为

（5）安全管理变量设计

本研究将安全管理的测量指标设计为奖惩制度和教育与培训。这两个维度各自为一个潜在变量,所以对安全管理的测量就是对这两个潜在变量的分别测量。奖惩制度包括罚款、奖励制度和执行度三个指标;教育与培训包括安全培训的内容、形式、作用三个指标。具体见表 3-10。

表 3-10　　　　　　　　　　　　安全管理的测量指标

安全管理	编号	测量题项
奖惩制度	E29	您认为严格的罚款制度会影响到矿工不安全行为
	E30	您认为对安全行为严格的奖励制度会影响到矿工不安全行为
	E31	您认为惩罚机制的严格执行会影响到矿工不安全行为
教育与培训	E32	您认为参加安全培训会影响到矿工不安全行为
	E33	您认为下井前的安全指导会影响到矿工不安全行为
	E34	您认为进行案例警示的安全培训会影响到矿工不安全行为

（6）不安全行为变量设计

胡小帆[241]在研究安全绩效与矿工不安全行为的过程中,列出与矿工不安全行为相关的 10 道题项来测量人的不安全行为。郭彬彬[41]在煤矿员工行为不安全的心理因素分析及对策研究中,把煤矿工人不安全行为的主要表现分为 10 类。本书通过分析前人的研究结果,总结出 8 类矿工不安全行为作为不安全行为的测量指标,见表 3-11。

表 3-11   不安全行为的测量指标

编号	测量题项
V35	您在工作时会忽视安全警示等标志
V36	您认为工作时安全装置的正确使用不重要
V37	您在工作时会使用无安全措施的设备或装置
V38	您在工作时会攀坐不安全位置(如攀坐平台护栏、非乘人运输设备等)
V39	您在使用个人防护用品的作业场合时,可能不使用符合安全要求的防护用品
V40	您在工作时,会为了省事而进行违章操作
V41	您在作业时,会因为不懂而进行错误或违章操作
V42	您在进入危险场所时会不顾安全,冒险进行作业

3.2.3 数据收集

本次研究的调研对象为 S 煤炭企业的基层人员和管理人员。由于一线员工不安全行为发生率较高,所以研究被试对象主要为煤矿的一线员工;由于本书的研究是以企业的角度进行内部控制,所以对部分管理层也进行了调研。保证对内部控制关键点与矿工不安全行为的关系的研究能获取准确有效的数据和研究结果。

3.2.4 数据分析方法

本书运用 SPSS21.0 对正式问卷回收的数据进行预处理,通过进行信度和效度分析、相关分析来多维度验证不安全行为内部控制五个关键点与不安全行为之间的关系紧密程度。通过回归分析进一步研究不安全行为内控点各个维度与不安全行为之间的因果关系及大小。同时对矿工的年龄、学历、工龄进行分析,得出其对研究变量的影响作用。

3.2.5 小结

本节首先对实证研究所需的调查问卷进行了设计,介绍了问卷设计的原则、结构及评分标准。在此基础上进行变量选择与问卷编制,结合文献研究,最终形成了本书研究所需的调查问卷,为后续的实证分析奠定了基础。

3.3 实 证 分 析

本节首先对样本进行描述性统计分析,对样本的特征进行初步分析;其次,对样本分别进行信度和效度检验,验证调查问卷设置的合理性;最后,运用回归分析对解释变量和调节变量之间的关系进行验证的同时检验调节变量的调节作用。

3.3.1　样本基本特征

本书调查问卷在 S 煤炭企业进行发放,被调查人员主要是井下一线作业人员,所涉及的工种主要包括采煤工、机电工、运料工、通防工、移架工、胶带司机、采煤机司机、绞车司机等。还有部分管理人员,包括了采煤区、运输区、掘进区、机电科等区队队长,以及公司技术部、财务部、人力资源部等二线工作人员。本次共发放问卷 230 份,回收问卷 209 份,问卷回收率 91%。除去填答残缺不全等无效问卷后,有效问卷 207 份,有效问卷率为 90%。样本的描述性统计分析结果见表 3-12。

表 3-12　　　　　　　　　　　样本基本信息统计表

项目	类别	人数	百分比/%
年龄	25 岁以下	28	13.53
	26～35 岁	78	37.68
	36～45 岁	46	22.22
	46 岁以上	55	26.57
	合计	207	100
学历	高中及以下	70	33.82
	大专	88	42.51
	本科	40	19.32
	硕士及以上	9	4.35
	合计	207	100
工龄	1 年以内	15	7.25
	1～5 年	48	23.19
	6～10 年	68	32.85
	10 年以上	76	36.71
	合计	207	100
职务	矿处长	1	0.48
	科队长	3	1.45
	班组长	20	9.66
	矿工	155	78.88
	其他	28	13.53
	合计	207	100

从样本的人口统计特征方面观察,本次调查的样本结构较为合理,被调查对象年龄、学历、工龄等方面的分布比较符合煤炭企业现实的比例,满足了本次调

查的抽样要求,同时也避免了样本单一所造成的偶然性因素。从被调查对象的年龄来看,26～35岁的群体占据了37.68%,表明青年矿工是煤炭企业矿工的主要群体,并且从调查统计结果可知,样本包括各年龄层的被调查对象,具有较好的代表性。从被调查对象的学历来看,被调查对象大专以上的学历水平占到总样本数量的66.18%,说明被调查对象的学历水平足以理解并能够认真填写本研究调查问卷,保证了问卷的质量。从被调查对象的工龄来看,只有7.25%的工龄在1年以内,说明被调查者的工作经验足够保证问卷的准确性。

综上所述,本次调研样本特征分布较为均匀,调查问卷基本涵盖了全面的矿工年龄、学历、工龄。因此,回收的有效样本能较好地满足本次研究所需。

3.3.2 调查问卷的质量检测

一个良好的调查问卷应具有足够的信度和效度,信度和效度水平的高低将直接影响后续数据分析的结果。在问卷调查上,应先讲求信度,信度是效度的必要条件。

(1) 调查问卷的信度分析

信度(reliability)又为可靠性,是指对同一对象进行重复测量时,所得结果的一致性程度,它反映了测量工具的可靠性或者稳定性。信度可分为内在信度(internal reliability)和外在信度(external reliability)。内在信度是指量表测量的是否是同一个概念,即内在一致性。外在信度是指在不同的时间进行测量时量表结果的一致性程度。问卷信度通常采用克朗巴哈(Cronbach's α)系数来判断,Cronbach's α 系数越高,说明问卷中每个分问卷的信度越高。分问卷的Cronbach's α 系数在0.5～0.6之间可以接受,在0.7以上则表示可信度较高。由于本研究并没有进行多次重复测量,所以主要采用反映内部一致性的指标来测量数据的信度。Cronbach's α 系数的数值介于0到1之间,系数越大,表示该量表各个题项的内部一致性的程度越高,也就是量表的信度越高。具体检验标准见表3-13。

表 3-13 Cronbach's α 系数检验标准表

信度范围	结果分析
Cronbach's $\alpha \leqslant 0.3$	不可信
$0.3 <$ Cronbach's $\alpha \leqslant 0.4$	勉强可信
$0.4 <$ Cronbach's $\alpha \leqslant 0.7$	可信(最常见)
$0.7 <$ Cronbach's $\alpha \leqslant 0.9$	高度可信(次常见)
Cronbach's $\alpha > 0.9$	十分可信

本研究量表共包含团队建设、风险感知、沟通渠道、安全监督、安全管理和不

安全行为 6 个变量,共 42 个题项。本书采用 SPSS21.0 软件对进入模型的每个变量分别进行信度分析,主要通过 SPSS21.0 软件运行出的 Cronbach's α 信度系数大小按照标准进行测评。内部一致性系数在 0.798～0.966 之间,因此该量表具有较高的信度,具有较高的稳定性和一致性。6 个变量量表、42 个可测变量和总变量的 Cronbach's α 系数详见表 3-14。

表 3-14　　　　　　　　　　　Cronbach's α 系数值统计表

变量	维度	测量项	可测变量个数/个	Cronbach's α
团队建设	组织结构	A1、A2、A3	6	0.859
	企业文化	A4、A5、A6		
风险感知	个体安全意识	B7、B8、B9	9	0.855
	个体安全知识	B10、B11、B12		
	个体安全习惯	B13、B14、B15		
沟通渠道	成员间的沟通	C16、C17、C18	9	0.798
	信息接收方式	C19、C20、C21		
	成员间的关系	C22、C23、C24		
安全监督	安全规程	D25、D26	4	0.835
	安全考核	D27、D28		
安全管理	奖惩制度	E29、E30、E31	6	0.876
	教育与培训	E32、E33、E34		
不安全行为		V35、V36、…、V42	8	0.966
总体量表		A1、A2、…、V42	42	0.809

(2) 调查问卷的效度分析

效度(validity)指测量工具能够正确地测量出所要测量的特质的程度,分为内容效度(content validity)、结构效度(construct validity)和效标效度(criterion validity)三个主要类型。这里我们主要检测结构效度。结构效度也称构想效度、建构效度或者理论效度,是指测量工具反映概念和命题的内部结构的程度,如果问卷调查的结果能够测量其理论特征,使调查结果与理论预期一致,就认为数据具有结构效度。它一般是通过测量结果与理论假设相比较来检验的。基本步骤是,首先从某一理论出发,提出关于特质的假设,然后设计和编制测量并进行施测,最后对测量的结果采用因子分析或相关分析等方法进行分析,验证其与理论假设的相符程度。

① "团队建设"问卷探索性因子分析

探索性因子分析中的 KMO 测度和 Bartlett 球形检验标准见表 3-15,同时要求 Bartlett 球形检验的显著性概率为 0.000，小于 1%。基于探索性因子分析的要求，将团队建设总共 6 个问项进行 KMO 测度和 Bartlett 球形检验，检验结果 KMO＝0.751，见表 3-16。根据 Kaiser 给出了常用的 KMO 度量标准，表明问卷较为适合做因子分析。同时 Bartlett's 球形检验的显著性概率为0.000，说明数据具有相关性，适合做因子分析。

表 3-15   KMO 测度标准表

KMO 值范围	结果分析
KMO 值＞0.9	非常合适
0.7＜KMO 值≤0.9	合适
0.6＜KMO 值≤0.7	一般
0.5＜KMO 值≤0.6	不太合适
KMO 值≤0.5	极不合适

表 3-16   团队建设 KMO 测度和 Bartlett 球形检验表

取样适切性量数		0.751
Bartlett 的球形检验	卡方	595.698
	自由度(df)	66
	显著水平(Sig)	0.000

    通过主成分分析法对量表进行探索性因子分析，以最大方差法为转轴方式，提取特征值大于 1 的因子。通过最大正交旋转得出 2 个因子，累积方差解释率达到 70.886%，见表 3-17。对各因子测题进行内容分析，将因子分别命名为"组织结构"、"企业文化"（表 3-18），最终组成"团队建设"正式量表。

表 3-17   团队建设因子分析表

成分	初始特征值			提取平方和载入			旋转平方和载入		
	合计	方差/%	累积/%	合计	方差/%	累积/%	合计	方差/%	累积/%
1	3.312	36.800	36.800	3.312	36.800	36.800	3.219	35.758	35.758
2	1.490	16.553	70.886	1.490	16.553	70.886	1.594	17.708	70.886
3	0.477	5.300	76.182						
4	0.319	5.297	83.369						
5	0.214	3.548	88.299						
6	0.160	1.790	100.000						

表 3-18　　　　　　　　　　　团队建设旋转因子矩阵

指标	因子负荷	
	组织结构	企业文化
A1	0.802	
A2	0.797	
A3	0.680	
A4		0.681
A5		0.768
A6		0.806

②"风险感知"问卷探索性因子分析

基于探索性因子分析的要求,将风险感知总共 9 个问项进行 KMO 测度和 Bartlett 球形检验,检验结果 KMO＝0.775,见表 3-19。根据 Kaiser 给出了常用的 KMO 度量标准,结果在合适区间内。同时 Bartlett's 球形检验的显著性概率为 0.000,说明数据具有相关性,也适合做因子分析。

表 3-19　　　　　　　风险感知 KMO 测度和 Bartlett 球形检验表

取样适切性量数		0.775
Bartlett 的球形检验	卡方	241.814
	自由度(df)	35
	显著水平(Sig)	0.000

通过主成分分析法对量表进行探索性因子分析,以最大方差法为转轴方式,提取特征值大于 1 的因子。通过最大正交旋转得出 3 个因子,累积方差解释率达到 72.315%,见表 3-20。对各因子测题进行内容分析,将因子分别命名为"个体安全意识"、"个体安全知识"、"个体安全习惯"(表 3-21),最终组成风险感知正式量表。

表 3-20　　　　　　　　　　　风险感知因子分析表

成分	初始特征值			提取平方和载入			旋转平方和载入		
	合计	方差/%	累积/%	合计	方差/%	累积/%	合计	方差/%	累积/%
1	3.438	28.652	38.625	3.438	28.652	38.625	2.385	30.870	30.870
2	1.867	15.560	64.212	1.867	15.560	64.212	2.282	24.012	53.276
3	1.295	14.577	72.315	1.295	14.577	72.315	1.969	20.576	72.315
4	0.627	5.224	75.539						

成分	初始特征值			提取平方和载入			旋转平方和载入		
	合计	方差/%	累积/%	合计	方差/%	累积/%	合计	方差/%	累积/%
5	0.477	3.634	77.327						
6	0.293	2.441	82.687						
7	0.255	2.124	87.015						
8	0.212	1.765	88.781						
9	0.158	1.313	100.000						

表 3-21 **风险感知旋转因子矩阵**

指标	因子负荷		
	个体安全意识	个体安全知识	个体安全习惯
B7	0.790		
B8	0.786		
B9	0.768		
B10		0.809	
B11		0.802	
B12		0.562	
B13			0.772
B14			0.728
B15			0.716

③"沟通渠道"问卷探索性因子分析

基于探索性因子分析的要求,将沟通渠道总共 9 个问项进行 KMO 测度和 Bartlett 球形检验,检验结果 KMO＝0.760,见表 3-22。根据 Kaiser 给出了常用的 KMO 度量标准,结果在合适区间内。同时 Bartlett's 球形检验的显著性概率为 0.000,说明数据具有相关性,也适合做因子分析。

表 3-22 **沟通渠道 KMO 测度和 Bartlett 球形检验表**

取样适切性量数		0.760
Bartlett 的球形检验	卡方	871.286
	自由度(df)	32
	显著水平(Sig)	0.000

通过主成分分析法对量表进行探索性因子分析,以最大方差法为转轴方式,

提取特征值大于 1 的因子。通过最大正交旋转得出 3 个因子,累积方差解释率达到 76.571%,见表 3-23。对各因子测题进行内容分析,将因子分别命名为"成员间的沟通"、"信息接收方式"、"成员间的关系"(表 3-24),最终组成沟通渠道正式量表。

表 3-23　　　　　　　　　　群体氛围因子分析表

成分	初始特征值			提取平方和载入			旋转平方和载入		
	合计	方差/%	累积/%	合计	方差/%	累积/%	合计	方差/%	累积/%
1	3.913	43.478	43.483	3.913	43.478	43.483	2.631	29.278	29.278
2	1.687	18.753	62.227	1.687	18.753	62.227	2.420	27.137	56.373
3	1.290	13.336	76.571	1.290	13.336	76.571	1.817	20.196	76.571
4	0.741	8.238	84.810						
5	0.562	6.241	88.047						
6	0.509	5.655	92.701						
7	0.469	5.218	96.915						
8	0.400	4.444	98.690						
9	0.298	3.307	100.000						

表 3-24　　　　　　　　　　沟通渠道旋转因子矩阵

指标	因子负荷		
	成员间的沟通	信息接收方式	成员间的关系
C16	0.843		
C17	0.842		
C18	0.793		
C19		0.824	
C20		0.823	
C21		0.690	
C22			0.644
C23			0.877
C24			0.674

④ "安全监督"问卷探索性因子分析

基于探索性因子分析的要求,将安全监督总共 4 个问项进行 KMO 测度和 Bartlett 球形检验,检验结果 KMO=0.716,见表 3-25。根据 Kaiser 给出了常用的 KMO 度量标准,结果在合适区间内。同时 Bartlett's 球形检验的显著性概率为 0.000,说明数据具有相关性,也适合做因子分析。

表 3-25　　　　　安全监督 KMO 测度和 Bartlett 球形检验表

取样适切性量数		0.716
Bartlett 的球形检验	卡方	252.926
	自由度(df)	6
	显著水平(Sig)	0.000

　　通过主成分分析法对量表进行探索性因子分析,以最大方差法为转轴方式,提取特征值大于 1 的因子。通过最大正交旋转得出 2 个因子,累积方差解释率达到 72.561%,见表 3-26。对各因子测题进行内容分析,将因子分别命名为"安全规程"、"安全考核"(表 3-27),最终组成安全监督正式量表。

表 3-26　　　　　　　　安全监督因子分析表

成分	初始特征值			提取平方和载入			旋转平方和载入		
	合计	方差/%	累积/%	合计	方差/%	累积/%	合计	方差/%	累积/%
1	2.147	26.832	26.832	2.147	26.832	26.832	1.767	22.086	22.09
2	1.072	13.400	72.561	1.072	13.400	72.561	1.33	16.629	72.561
3	0.527	6.59	94.751						
4	0.220	5.249	100						

表 3-27　　　　　　　　安全监督旋转因子矩阵

项目	因子负荷	
	安全规程	安全考核
D25	0.785	
D26	0.523	
D27		0.708
D28		0.675

　　⑤ "安全管理"问卷探索性因子分析

　　基于探索性因子分析的要求,将安全管理总共 4 个问项进行 KMO 测度和 Bartlett 球形检验,检验结果 KMO=0.930,见表 3-28。根据 Kaiser 给出了常用的 KMO 度量标准,结果在合适区间内。同时 Bartlett's 球形检验的显著性概率为 0.000,说明数据具有相关性,也适合做因子分析。

表 3-28 安全管理 KMO 测度和 Bartlett 球形检验表

取样适切性量数		0.930
Bartlett 的球形检验	卡方	290.176
	自由度(df)	42
	显著水平(Sig)	0.000

本研究采用主成分分析法对量表进行探索性因子分析,以最大方差法为转轴方式,提取特征值大于 1 的因子。通过最大正交旋转得出 2 个因子,累积方差解释率达到 83.527%,见表 3-29。对各因子测题进行内容分析,将因子分别命名为"奖惩制度"、"教育与培训"(表 3-30),最终组成安全管理正式量表。

表 3-29 安全管理因子分析表

成分	初始特征值			提取平方和载入			旋转平方和载入		
	合计	方差/%	累积/%	合计	方差/%	累积/%	合计	方差/%	累积/%
1	1.841	20.458	67.884	1.841	20.458	67.884	2.664	29.604	61.498
2	1.408	15.640	83.527	1.408	15.640	83.527	1.950	22.032	83.527
3	0.674	7.489	77.100						
4	0.463	5.141	87.911						
5	0.364	4.040	96.690						
6	0.298	3.307	100						

表 3-30 安全管理旋转因子矩阵

项目	因子负荷	
	奖惩制度	教育与培训
E29	0.598	
E30	0.685	
E31	0.753	
E32		0.795
E33		0.776
E34		0.812

⑥ "不安全行为"问卷探索性因子分析

基于探索性因子分析的要求,将不安全行为总共 8 个问项进行 KMO 测度和 Bartlett 球形检验,检验结果 KMO=0.931,见表 3-31。根据 Kaiser 给出了常用的 KMO 度量标准,结果在合适区间内。同时 Bartlett's 球形检验的显著性概率为 0.000,说明数据具有相关性,也适合做因子分析。

表 3-31   不安全行为 KMO 测度和 Bartlett 球形检验表

取样适切性量数		0.931
Bartlett 的球形检验	卡方	328.804
	自由度(df)	42
	显著水平(Sig)	0.000

通过主成分分析法对量表进行探索性因子分析,以最大方差法为转轴方式,提取特征值大于 1 的因子。通过最大正交旋转得出 1 个因子,累积方差解释率达到 66.175%,见表 3-32。对因子测题进行内容分析,将因子命名为"不安全行为"。

表 3-32   不安全行为因子分析

成分	初始特征值			提取平方和载入		
	合计	方差/%	累积/%	合计	方差/%	累积/%
1	2.489	66.175	66.175	2.489	66.175	66.175
2	1.608	50.239	69.996			
3	0.774	38.561	73.586			
4	0.563	29.359	79.204			
5	0.464	22.258	82.579			
6	0.398	13.259	91.007			
7	0.328	9.069	95.258			
8	0.229	5.254	100			

符合以下两个标准的量表可认为具有良好的结构效度:a. 公因子与量表设计时的理论结构相符,并且题项落入设定的构面;b. 量表的公因子累积方差解释率大于 50%。

以上对量表的探索性因子分析的结果显示:a. 16 个量表进行探索性因子分析后,公因子结构与本章提出的假设结构完全符合,且题项均落入原有设定的构面内;b. 5 个量表公因子累积方差解释率均大于 50%的可接受水平;c. 团队建设各题项因子负荷量在 0.681~0.806 之间,风险感知各题项因子负荷量在 0.562~0.809 之间,群体氛围各题项因子负荷量在 0.644~0.877 之间,安全监督各题项因子负荷量在 0.523~0.785 之间,安全管理各题项因子负荷量在 0.598~0.812 之间,不安全行为各题项因子负荷量在 0.614~0.828 之间,均超过 0.5 的可接受水平,说明该研究量表具有良好的结构效度。

3.3.3　相关性检验

相关性是指两个变量之间的相关关系,相关性分析可以在一定程度上说明两个变量之间相关关系的大小以及检验解释变量是否存在多重共线性,若解释变量之间出现强相关情况,即相关系数的绝对值大于 0.5,那么就不能一起作为解释变量进行接下去的回归分析。本书采用的相关性分析方法是 Pearson 相关系数分析法,采用 SPSS21.0 软件对矿工不安全行为各个内部控制关键点与不安全行为的相关性进行分析,结果见表 3-33。

表 3-33　　　　　　　　　　　相关性分析表

	x	y_1	y_2	z_1	z_2	z_3	b_1	b_2	b_3	g_1	g_2	f_1	f_2	c_1	c_2	c_3
x	1.000															
y_1	−0.322**	1.000														
y_2	−0.388**	0.348*	1.000													
z_1	−0.369**	0.048	0.188	1.000												
z_2	−0.375**	0.088	0.156	0.101	1.000											
z_3	−0.340**	0.093	0.159	0.105	0.150	1.000										
b_1	−0.410**	0.102	0.069	0.112	0.167	0.188	1.000									
b_2	−0.352**	0.091	0.064	0.134	0.015	0.098	0.024	1.000								
b_3	−0.371**	0.087	0.055	0.089	0.054	0.201	0.046	0.096	1.000							
g_1	−0.464**	0.112	0.097	0.137	0.054	0.032	0.037	0.058	0.029	1.000						
g_2	−0.437**	0.214	0.058	0.016	0.089	0.075	0.094	0.069	0.113	0.145	1.000					
f_1	−0.389**	0.132	0.097	0.013	0.009	0.065	0.079	0.057	0.124	0.277*	0.041	1.000				
f_2	−0.397**	0.149	0.048	0.012	0.094	0.082	0.052	0.053	0.057	0.154	0.152	0.028	1.000			
c_1	−0.212*	0.056	0.151	0.321*	0.165	0.091	0.086	0.152	0.125	0.018	0.098	0.063	0.158	1.000		
c_2	−0.127	0.113*	0.108	0.143	0.099	0.054	0.188	0.140	0.169	0.056	0.045	0.215*	0.035		1.000	
c_3	−0.195*	0.107	0.180	0.210	0.125	0.145	0.079	0.108	0.108	0.024	0.085	0.134	0.165	0.054	0.057	1.000

注: * 表示在 5% 显著性水平下显著, * * 表示在 1% 显著性水平下显著。

由表 3-33 可得:在控制年龄、学历、工龄变量的情况下,组织结构 y_1 与不安全行为之间的系数为 −0.332,企业文化 y_2 与不安全行为之间的系数为 −0.388,可知组织结构、企业文化与不安全行为均呈显著负相关关系。初步验证了团队建设与不安全行为之间的相关关系,即越加强对矿工团队建设的控制,不安全行为动机越小,不安全行为发生的概率越低。

个体安全意识 z_1 与不安全行为之间的系数为 −0.369,个体安全知识 z_2 与不安全行为之间的系数为 -0.375，个体安全习惯 z_3 与不安全行为之间的系数为 -0.340，可知个体安全意识、个体安全知识、个体安全习惯与不安全行为均呈显著负相关关系。初步验证了风险感知与不安全行为之间的相关关系，即越加强对矿工风险感知的控制，不安全行为动机越小，不安全行为发生的概率越低。

成员间的沟通 b_1 与不安全行为之间的系数为 -0.410，信息接收方式 b_2 与不安全行为之间的系数为 -0.352，成员间的关系 b_3 与不安全行为之间的系数为 -0.371，可知成员间的沟通、信息接收方式、成员间的关系与不安全行为均呈显著负相关关系。初步验证了沟通渠道与不安全行为之间的相关关系，即越加强对矿工沟通渠道的建设，不安全行为动机越小，不安全行为发生的概率越低。

安全规程 g_1 与不安全行为之间的系数为 -0.464，安全考核 g_2 与不安全行为之间的系数为 -0.437，可知安全规程、安全考核与不安全行为均呈显著负相关关系。初步验证了安全监督与不安全行为之间的相关关系，即越加强对矿工安全监督的控制，不安全行为动机越小，不安全行为发生的概率越低。

奖惩制度 f_1 与不安全行为之间的系数为 -0.389，教育与培训 f_2 与不安全行为之间的系数为 -0.397，可知奖惩制度、教育与培训与不安全行为均呈显著负相关关系。初步验证了安全管理与不安全行为之间的相关关系，即越加强对矿工安全管理的控制，不安全行为动机越小，不安全行为发生的概率越低。

3.3.4　回归分析

通过对矿工不安全行为内部控制五个关键点：团队建设、风险感知、沟通渠道、安全监督、安全管理与不安全行为的相关性分析，得到了各个不安全行为内部控制关键点与不安全行为变量之间兼是显著负相关的结果，但是对变量之间具体的因果关系仍不清楚。因此，本书需要运用 SPSS21.0 软件对矿工不安全行为内部控制五个关键点与不安全行为等变量进行回归分析，进一步探究变量之间具体的因果关系和影响效果，并根据分析结果中的相关指标数据来检验前文提出的变量之间 12 个假设是否成立。

（1）团队建设与不安全行为回归分析

本书采用描述性统计和相关性检验的方法对调查量表的样本数据进行分析，在此基础上，对团队建设与不安全行为之间进行回归分析，其结果见表3-34。本书把不安全行为作为因变量，以组织结构、企业文化作为自变量，同时引入控制变量：年龄、学历、工龄，对团队建设和不安全行为进行多元回归分析。$R = 0.612$，判定系数 $R^2 = 0.394$，调整后的判定系数 $R^2 = 0.339$，这个结果说明不安全行为被解释变量达到 33.9%，其模型的拟合度良好。统计量 $F = 18.235$，它的相伴概率值 $Sig = 0.000 < 0.01$，这说明团队建设与不安全行为之间确实存在线性回归关系，这也验证了假设 H1。进一步通过回归得出团队建设与不安全行为之间的比例系数，得出回归系数。年龄、学历、工龄三个控制变量与不安全行为有

显著关系,表明控制变量对不安全行为有明显负相关影响。企业文化的控制对不安全行为的影响最大($\beta=-0.312,P=0.000<0.01$),企业文化每增加一单位,不安全行为会减少0.312个单位,观察企业文化的 Sig 值,其值为0.001小于0.01,这说明企业文化与不安全行为之间呈显著负相关,假设 H1b 通过检验;次之的是组织结构($\beta=-0.235,P=0.001<0.01$),组织结构每增加一单位,不安全行为会减少0.235个单位,观察组织结构的 Sig 值,其值为0.000小于0.01,这说明组织结构与不安全行为之间呈显著负相关,假设 H1a 通过检验。

表 3-34　　　　　　　　　　团队建设回归分析统计表

模型		非标准化系数		标准化系数	t	Sig 值
		B	标准误差	Beta		
1	(常量)	6.132	0.312		19.235	0.000
	年龄	−0.193	0.079	−0.203	−3.145	0.007
	学历	−0.135	0.082	−0.175	−2.792	0.014
	工龄	−0.119	0.024	−0.148	−2.035	0.008
	企业文化	−0.312	0.061	−0.356	−3.784	0.001
	组织结构	−0.235	0.067	−0.287	−3.614	0.001
		R:0.612			调整后 R^2:0.339	
		R^2:0.394			统计量 F:18.235	

注:a. 预测变量:(常量)、年龄、学历、工龄、组织结构、企业文化。b. 因变量:不安全行为。

(2) 风险感知与不安全行为回归分析

本书采用描述性统计和相关性检验的方法对调查量表的样本数据进行分析,在此基础上,对风险感知与不安全行为之间进行回归分析,其结果见表3-35。本书把不安全行为作为因变量,以矿工个体安全意识、矿工个体安全知识、矿工个体安全习惯作为自变量,同时引入控制变量:年龄、学历、工龄,对风险感知和不安全行为进行多元回归分析。$R=0.597$,判定系数 $R^2=0.386$,调整后的判定系数 $R^2=0.318$,这个结果说明不安全行为被解释变量达到31.8%,其模型的拟合度良好。接着对回归方程进行显著性检验。统计量 $F=17.165$,它的相伴概率值 Sig=0.000<0.01,这说明风险感知与不安全行为之间确实存在线性回归关系,这也验证了假设 H2。进一步通过回归分析得出风险感知与不安全行为之间的比例系数。年龄、学历、工龄三个控制变量与不安全行为有显著关系,表明控制变量对不安全行为有明显负相关影响。矿工个体安全知识对不安全行为的影响最大($\beta=-0.264,P=0.001<0.01$),矿工个体安全知识增加一单位,不安全行为会减少0.264个单位,观察矿工个体安全知识的 Sig 值,其值为0.001

小于 0.01,这说明矿工个体安全知识与不安全行为之间呈显著负相关,假设 H2b 通过检验;对不安全行为影响次之的是矿工个体安全意识($\beta=-0.217$,$P=0.000<0.01$),矿工个体安全意识每增加一单位,不安全行为会减少 0.217 个单位,观察矿工个体安全意识的 Sig 值,其值为 0.000 小于 0.01,这说明矿工个体安全意识与不安全行为之间呈显著负相关,假设 H2a 通过检验。相比于上述两个维度,矿工个体安全习惯对不安全行为的影响最小($\beta=-0.159$,$P=0.004<0.01$),矿工个体安全习惯每增加一单位,不安全行为会减少 0.159 个单位,观察矿工个体安全习惯的 Sig 值,其值为 0.004 小于 0.01,这说明矿工个体安全习惯与不安全行为之间呈显著负相关,支持假设 H2c。

表 3-35　　　　　　　　　风险感知回归分析统计表

模型		非标准化系数		标准系数	t	Sig 值
		B	标准误差	试用版		
1	(常量)	6.352	0.298		17.634	0.000
	年龄	−0.168	0.069	−0.182	−2.342	0.007
	学历	−0.185	0.075	−0.194	−2.654	0.018
	工龄	−0.157	0.064	−0.174	−2.167	0.001
	矿工个体安全意识	−0.217	0.095	−0.268	−3.124	0.000
	矿工个体安全知识	−0.264	0.078	−0.279	−3.214	0.001
	矿工个体安全习惯	−0.159	0.098	−0.198	−2.762	0.004
	R:0.597			调整后 R^2:0.318		
	R^2:0.386			统计量 F:17.165		

注:a. 预测变量:(常量)、年龄、学历、工龄、矿工个体安全意识、矿工个体安全知识、矿工个体安全习惯。b. 因变量:不安全行为。

(3) 沟通渠道与不安全行为回归分析

本书采用描述性统计和相关性检验的方法对调查量表的样本数据进行分析,在此基础上,对沟通渠道与不安全行为之间进行回归分析,其结果见表3-36。本书把不安全行为作为因变量,以成员间的沟通、信息接收方式、成员间的关系作为三个自变量,同时引入控制变量:年龄、学历、工龄,对沟通渠道和不安全行为进行多元回归分析。$R=0.672$,判定系数 $R^2=0.425$,调整后的判定系数 $R^2=0.329$,这个结果说明不安全行为被解释变量达到 32.9%,其模型的拟合度良好。接着进行显著性检验,统计量 $F=15.479$,它的相伴概率值 Sig=0.000<0.01,这说明沟通渠道与不安全行为之间确实存在线性回归关系,这也验证了假设 H3。进一步通过回归分析得出沟通渠道与不安全行为之间的比例系数。得

出年龄、学历、工龄三个控制变量与不安全行为有显著关系,表明控制变量对不安全行为有明显负相关影响。成员间的沟通对不安全行为的影响最大($\beta=-0.257, P=0.001<0.01$),成员间的沟通每增加一单位,不安全行为会减少0.257个单位,观察群体活动的Sig值,其值为0.001小于0.01,这说明成员间的沟通与不安全行为之间呈显著负相关,假设H3a通过检验;对不安全行为影响次之的是成员间的关系($\beta=-0.245, P=0.002<0.01$),成员间的关系每增加一单位,不安全行为会减少0.245个单位,观察成员间的关系的Sig值,其值为0.002小于0.01,这说明成员间的关系与不安全行为之间呈显著负相关,假设H3c通过检验。相比于上述两个维度,信息接收方式对不安全行为的影响最小($\beta=-0.234, P=0.002<0.01$),信息接收方式每增加一单位,不安全行为会减少0.234个单位,观察信息接收方式的Sig值,其值为0.002小于0.01,这说明信息接收方式与不安全行为之间呈显著负相关,支持假设H3b。

表 3-36　　　　　　　　沟通渠道回归分析统计表

模型		非标准化系数		标准系数	t	Sig 值
		B	标准误差	试用版		
1	(常量)	5.846	0.261		17.357	0.000
	年龄	−0.176	0.052	−0.194	−2.652	0.009
	学历	−0.162	0.064	−0.176	−2.327	0.021
	工龄	−0.198	0.058	−0.205	−2.691	0.007
	成员间的沟通	−0.257	0.077	−0.294	−3.345	0.001
	信息接收方式	−0.234	0.073	−0.273	−3.265	0.002
	成员间的关系	−0.245	0.075	−0.287	−3.651	0.002
	R:0.672			调整后 R^2:0.329		
	R^2:0.425			统计量 F:15.479		

注:a. 预测变量:(常量)、年龄、学历、工龄、成员间的沟通、信息接收方式、成员间的关系。b. 因变量:不安全行为。

(4) 安全监督与不安全行为回归分析

本书采用描述性统计和相关性检验的方法对调查量表的样本数据进行分析,在此基础上,对安全监督与不安全行为之间进行回归分析,其结果见表3-37。把不安全行为作为因变量,以安全规程、安全考核作为自变量,同时引入控制变量:年龄、学历、工龄,对安全监督和不安全行为进行多元回归分析。$R=0.679$,判定系数 $R^2=0.486$,调整后的判定系数 $R^2=0.378$,这个结果说明不安全行为被解释变量达到37.8%,其模型的拟合度良好。接着进行显著性检验,统计量

$F=15.248$，它的相伴概率值 Sig$=0.000<0.01$，这说明安全监督与不安全行为之间确实存在线性回归关系，这也验证了假设 H4。通过回归分析得出安全监督与不安全行为之间的比例系数。得出年龄、学历、工龄三个控制变量与不安全行为有显著关系，表明控制变量对不安全行为有明显负相关影响。安全考核对不安全行为的影响最大（$\beta=-0.279$，$P=0.000<0.01$），安全考核每增加一单位，不安全行为会减少 0.279 个单位，观察安全考核的 Sig 值，其值为 0.000 小于 0.01，这说明安全考核与不安全行为之间呈显著负相关，假设 H4b 通过检验；对不安全行为影响次之的是安全规程（$\beta=-0.263$，$P=0.000<0.01$），安全规程每增加一单位，不安全行为会减少 0.263 个单位，观察安全规程的 Sig 值，其值为 0.000 小于 0.01，这说明安全规程与不安全行为之间呈显著负相关，假设 H4a 通过检验。

表 3-37　　　　　　　　　　安全监督回归分析统计表

模型		非标准化系数		标准系数	t	Sig 值
		B	标准误差	试用版		
1	（常量）	6.124	0.319		18.024	0.000
	年龄	-0.169	0.064	-0.191	-2.145	0.004
	学历	-0.118	0.049	-0.137	-2.037	0.003
	工龄	-0.104	0.037	-0.124	-2.017	0.006
	安全规程	-0.263	0.064	-0.287	-3.386	0.000
	安全考核	-0.279	0.069	-0.289	-3.392	0.000
	R：0.679			调整后 R^2：0.378		
	R^2：0.486			统计量 F：15.248		

注：a. 预测变量：（常量）、年龄、学历、工龄、安全规程、安全考核。b. 因变量：不安全行为。

（5）安全管理与不安全行为回归分析

本书采用描述性统计和相关性检验的方法对调查量表的样本数据进行分析，在此基础上，对安全管理与不安全行为之间进行回归分析，其结果见表3-38。不安全行为为因变量，奖惩制度、教育与培训为自变量，引入控制变量：年龄、学历、工龄，对安全管理和不安全行为进行多元回归分析。$R=0.684$，判定系数 $R^2=0.485$，调整后的判定系数 $R^2=0.392$，这个结果说明不安全行为被解释变量达到 39.2%，其模型的拟合度良好。对回归方程进行显著性检验，得出统计量 $F=16.134$，它的相伴概率值 Sig$=0.000<0.01$，这说明安全管理与不安全行为之间确实存在线性回归关系，这也验证了假设 H5。通过回归得出安全管理与不安全行为之间的比例系数，得出回归系数表。年龄、学历、工龄三个控制变

量与不安全行为有显著关系,表明控制变量对不安全行为有明显负相关影响。奖惩制度对不安全行为的影响最大($\beta=-0.265,P=0.001<0.01$),奖惩制度每增加一单位,不安全行为会减少 0.265 个单位,观察奖惩制度的 Sig 值,其值为 0.001 小于 0.01,这说明奖惩制度与不安全行为之间呈显著负相关,假设 H5a 通过检验;对不安全行为影响次之的是教育与培训($\beta=-0.204,P=0.000$ <0.05),教育与培训每增加一单位,不安全行为会减少 0.204 个单位,观察教育与培训的 Sig 值,其值为 0.000 小于 0.01,这说明教育与培训与不安全行为之间呈显著负相关,假设 H5b 通过检验。

表 3-38　　　　　　　　　　安全管理回归分析统计表

模型		非标准化系数		标准系数	t	Sig 值
		B	标准误差	试用版		
1	(常量)	5.584	0.306		18.546	0.000
	年龄	−0.156	0.067	−0.195	−2.135	0.003
	学历	−0.132	0.058	−0.164	−2.028	0.005
	工龄	−0.114	0.042	−0.135	−2.009	0.002
	奖惩制度	−0.265	0.072	−0.302	−3.652	0.001
	教育与培训	−0.204	0.054	−0.275	−3.213	0.000
	R:0.684			调整后 R^2:0.392		
	R^2:0.485			统计量 F:16.134		

注:a. 预测变量:(常量)、年龄、学历、工龄、奖惩制度、教育与培训。b. 因变量:不安全行为。

3.3.5　结果讨论

本书对矿工不安全行为内控点与矿工不安全行为之间的关系进行了深入的分析。通过样本分析,支持了本章提出的假设,验证结果见表 3-39。

表 3-39　　　　　　　　　　假设验证结果表

假设编号	假设内容	检验结果
H1a	组织结构与不安全行为负相关	成立
H1b	企业文化与不安全行为负相关	成立
H2a	矿工个体安全意识与不安全行为负相关	成立
H2b	矿工个体安全知识与不安全行为负相关	成立
H2c	矿工个体安全习惯与不安全行为负相关	成立
H3a	成员间的沟通与不安全行为负相关	成立
H3b	信息接收方式与不安全行为负相关	成立

假设编号	假设内容	检验结果
H3c	成员间的关系与不安全行为负相关	成立
H4a	安全规程与不安全行为负相关	成立
H4b	安全考核与不安全行为负相关	成立
H5a	奖惩制度与不安全行为负相关	成立
H5b	教育与培训与不安全行为负相关	成立

从上表可以看到,在控制了年龄、学历、工龄三个变量之后,组织结构、企业文化、矿工个体安全意识、矿工个体安全知识、矿工个体安全习惯、成员间的沟通、信息接收方式、成员间的关系、安全规程、安全考核、奖惩制度、教育与培训12个变量均对不安全行为具有较强的控制作用,均对不安全行为存在负向影响。

① 加强对组织结构的控制会减少不安全行为的发生

组织结构主要体现为组织管理框架、信息反馈、合理分工等方面,当企业加强对组织结构的规范,使矿工能在工作中体会到公司组织的规范性,使其注意不安全行为,相应地减少不安全行为的发生。

② 加强对企业文化的控制会减少不安全行为的发生

企业文化主要体现为安全文化、安全激励等方面,当企业加强对企业文化的传播,使矿工能在煤矿生活与工作中感受到公司企业安全文化的熏陶,将不安全行为转变为安全行为,相应地减少不安全行为的发生。

③ 加强对矿工个体安全意识的控制会减少不安全行为的发生

矿工个体安全意识主要体现为侥幸、模仿等心理活动、安全态度等方面,是矿工不安全行为的潜在风险。当企业重视对矿工个体安全意识的评估,进而进行控制,会使矿工在工作中重视安全意识,转变不安全行为,相应地减少不安全行为的发生。

④ 加强对矿工个体安全知识的控制会减少不安全行为的发生

矿工个体安全知识主要体现为矿工对危险、隐患的识别能力、安全知识储备等方面,是矿工不安全行为的潜在风险。当企业重视对矿工个体安全知识的评估,进而进行控制,会使矿工在工作中运用安全知识,转变不安全行为,相应地减少不安全行为的发生。

⑤ 加强对矿工个体安全习惯的控制会减少不安全行为的发生

矿工个体安全习惯主要体现为矿工在工作中的习惯动作、用具操作以及惯性思维等方面,是矿工不安全行为的潜在风险。当企业重视对矿工个体安全习惯的评估,进而进行培养、改正,会使矿工在工作中通过安全习惯,转变不安全行为,相应地减少不安全行为的发生。

⑥ 加强对成员间的沟通的控制会减少不安全行为的发生

成员间的沟通主要体现为在煤炭企业中矿工的上行沟通、下行沟通和平行沟通,当企业加强对成员间沟通的控制,使矿工能在沟通中体会到公司对安全的重视,使其传播安全行为,相应地减少不安全行为的发生。

⑦ 加强对信息接收方式的控制会减少不安全行为的发生

信息接收方式主要体现为沟通氛围、媒介质量和单一的接收方式三个方面,当企业加强对信息接收方式的控制与完善,使矿工能在良好的信息传播下进行安全行为,相应地减少不安全行为的发生。

⑧ 加强对成员间的关系的控制会减少不安全行为的发生

成员间的关系主要体现在生产和生活等方面的连接,煤矿生产环境的封闭性使矿工群体产生寝食连接、性格连接、血缘连接等,当企业加强对群体中连接关系的控制,使矿工能在群体成员的带领下传播安全行为,相应地减少不安全行为的发生。

⑨ 加强对安全规程的控制会减少不安全行为的发生

安全规程主要体现为规程准则、规程设计等方面,当企业加强对安全规程的规范,重视对矿工不安全行为的监督,使矿工能在工作中体会到公司安全规程的严谨性,使其注意不安全行为,相应地减少不安全行为的发生。

⑩ 加强对安全考核的控制会减少不安全行为的发生

安全考核主要体现为考核标准、考核规则等方面,当企业加强对安全考核的规范,重视对矿工不安全行为的监督,使矿工能在工作中体会到公司安全考核的严谨性,使其注意不安全行为,相应地减少不安全行为的发生。

⑪ 加强对奖惩制度的控制会减少不安全行为的发生

奖惩制度主要体现为罚款、奖励制度及执行性等方面,当企业加强对奖惩制度的规范和落实,将矿工行为与个人收益挂钩,使矿工能注意不安全行为,相应地减少不安全行为的发生。

⑫ 加强对教育与培训的控制会减少不安全行为的发生

教育与培训主要体现为安全培训、指导及培训方式等方面,当企业加强对安全教育与培训的规范和创新,使矿工能重视安全教育,注意其不安全行为,相应地减少不安全行为的发生。

3.3.6　相关建议

为了改善煤炭企业的安全管理环境,提高企业的安全生产能力。基于我国企业内部控制规范,结合企业具体经营特点,按照内部环境、风险评估、控制活动、信息与沟通及内部监督五个要素完善内部控制体系。企业内部控制体系构建方案,详见图 3-2。

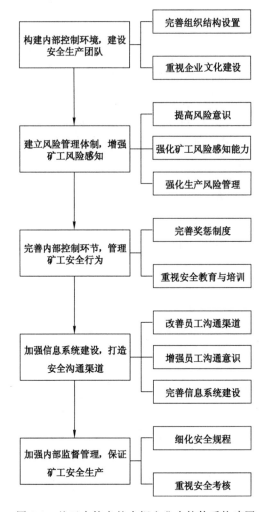

图 3-2 基于内控点的内探企业内控体系构建图

（1）构建内部控制环境，建设安全生产团队

建立良好的内部控制环境，需要从组织结构、企业文化方面入手。

① 完善公司治理组织结构

通过对 S 煤炭企业原有的组织结构进行调整，增加了安全审计监察部，负责内部控制的监督评价、编制内部控制自我评价报告、审查矿工不安全行为等工作，将内部审计人员与安监部门人员相分离，保持独立性，这样才能真正发挥审计职能，加强对公司的生产安全管理和各部门的监督与控制，确保有关安全规章制度的切实有效执行，提高经济效益，保证企业安全生产，防止不安全行为的发生，为公司规避风险和可持续发展提供了最基本的保证，如图 3-3 所示。

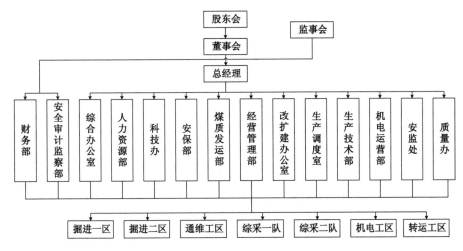

图 3-3　S 煤炭企业组织结构图

② 加强企业文化建设

企业文化是一种无形的巨大力量,它会潜移默化地影响企业员工的行为方式和思维方法。企业文化具有一种凝聚力,它可以促进企业的发展,企业文化对企业的影响无处不在,因此它也会影响着企业的内部控制。煤矿企业应加强企业文化建设,培养与企业战略目标一致的企业文化,保持健康向上的文化氛围。只有当企业的每位员工思想鲜明、信仰明确,拥有积极向上的价值观和社会责任感,内控才能有效的实施。企业通过企业文化的建设,引导、激励员工正确的履行职责,实现企业战略目标。

(2) 建立风险管理体制,增强矿工风险感知

煤炭企业在安全生产方方面面受到多种危险因素的威胁,同时也属于集中度低、市场竞争激烈的行业,企业面临不同的层面风险,影响着企业的生存和发展,也影响其在行业内的竞争力及在市场上的声誉和形象。因此,要根据自身的特点制定相应的企业风险管理制度,将风险评估系统化。

通过利用各种风险分析技术,采取适当的方法降低各种风险。作为一家煤炭企业,公司的风险管理主要以预防为主,重点防范发生可能性大、影响范围广、造成损失严重的风险,如安全生产风险等。此外,管理者不能仅仅是在纸面上强调风险管理理念,还应在每天的行动中贯彻执行,将风险管理理念通过政策说明书和其他沟通方式向企业的员工传导和宣传,让企业所有的员工了解企业的风险管理理念,培养风险文化,提高员工有效管理风险的能力。比如:定期组织矿工进行安全动员大会,提升矿工安全意识水平;发放安全宣传教育手册,为矿工普及安全知识;将不安全行为与矿工工资挂钩,改善矿工不安全行为习惯。

(3) 完善内部控制环节,管理矿工安全行为

① 奖惩制度的完善

管理过程中要运用批评、否定、惩罚、降职等负激励手段。对矿工进行负性激励的目的就是想调动矿工安全行为的主动性,让矿工感到忧患、危机意识,用这种负性激励手段迫使矿工完成企业目标。通过负激励,矿工可以自觉调整、改造,朝着企业和社会所期望的方向去行动。负激励在管理活动中直接起着约束性的作用。其中处罚措施包括降低薪酬、调换岗位、下令辞职等,从而对矿工起到警告、威慑的作用,进而减少矿工不安全行为。

同时要运用表扬、肯定、奖励、晋升等正激励手段。对安全意识较强、安全操作排在前面的矿工给予适当的奖励。通过正激励,可以调动矿工安全行为的主动性,朝着组织和社会所期望的方向去行动。正激励在管理活动中直接起着鼓励性的作用。

② 安全教育与培训的强化

建立健全员工安全培训机制应从以下三个方面做起:首先,建立健全培训循环机制,以保证培训的持续性,比如使用老带新、先带后等方式,以此保证安全教育培训能够持续地传承下去;其次,实行分级培训的方式,重点对工作性质相对危险的工种进行安全教育培训,对班组长等基层管理人员进行全面的、较为深入的安全教育培训,同时还应对其进行相关安全管理知识的培训,防止违章指挥造成不安全事故的发生;最后,制定培训考核制度,并严格执行,对于安全工作做得好的集体和个人,及时进行表彰、表扬,予以鼓励;对于安全考核不通过的班组或个人,要及时批评教育,再学习,所有人必须通过安全培训教育考核,持证上岗。

企业应当制订详细计划,定期对员工进行安全教育培训,包括班前会的安全教育,周例会的安全教育等,要求广大职工熟悉安全生产制度,掌握安全生产操作规程,深入了解并熟练应用该岗位的安全操作技能,使安全认知和安全常识深入员工的内心,以此增加员工的安全意识,减少员工在日常生产中的不安全行为。通过组织员工学习安全事故案例以及制作安全事故案例宣传板报,一方面,使员工能够看到不同的不安全行为所造成的严重后果,以起到警示作用;另一方面,使员工能够对照自检,发现自己身上所存在的不良习惯和自己身上潜在的不安全行为,以此为禁忌,规范自己的操作行为。

(4) 加强信息系统建设,打造安全沟通渠道

良好的信息沟通系统,是内部控制制度得以有效发挥的重要保障,直接影响内控实施的效率和效果。信息系统是一整套非常有效的管理平台,在煤炭企业中,建立先进的信息系统,可以提高煤炭企业各执行层级之间信息的传递和沟通效率,节省对矿工信息传递成本,提高沟通和决策效率,增强矿工对外部环境变化的适应力,提高企业的竞争力和反应力,为公司管理层实时提供决策依据。S煤炭企业应根据自身经营业务的需要建立信息化系统,以保证组织内的信息能

够及时全面地被矿工采集、传输、处理、反馈。比如公司通过实施系统来完善信息化系统的建设,可以将信息资源整合在企业经营管理的各方面。

（5）加强内部监督管理,保证矿工安全生产

良好的内部控制不仅需要制度化,而且需要匹配有相应监督检查部门。企业内部控制要充分利用内部安全审计监督来实施,只有健全安全审计机制,提高内部安全审计地位,确保内部安全审计机构的权威性和独立性,才能充分发挥内部安全审计的监督和评审职能。

S 煤炭企业应建立独立的安全审计部门,重视内部安全审计的作用,强化安全审计监督和评审职能,在增加安全审计的力量上,配备专业的拥有业务背景的人才,充实安全审计队伍,在企业安全生产方面的监督上进行内部审计工作扩展,在必要时,做出详细的企业生产风险防范分析,评价企业内部控制执行效果如何,为企业管理层在改善安全生产管理、提高安全生产水平方面提出建设性的建议。同时,企业组织内部可以通过安装监控器、设置安全监察岗、不定期对员工的安全操作工具的使用情况进行抽查来监督矿工的行为,这样就对矿工行为有了一定的约束和威慑,从而减少矿工不安全行为的发生。

3.3.7　小结

本节首先对矿工不安全行为内部控制五个关键点进行描述性分析和相关分析,为接下来的回归分析奠定基础,按照回归分析的步骤,分别加入控制变量,对本章提出的假设进行验证,确定了矿工不安全行为内部控制关键点,从每个内控点各自所包含的变量出发,解释了其对不安全行为的控制过程。最后根据分析得出的内控点为煤炭企业的内部控制提出了相关的建议。

第4章 基于成本收益分析的矿工不安全行为影响因素研究

4.1 研究假设与模型构建

4.1.1 矿工不安全行为研究变量选择与界定

4.1.1.1 基于扎根理论的影响因素筛选

本书采用扎根理论的定性研究方法,对不安全行为影响因素进行分析。扎根理论是运用系统化的分析程序,直接从实际观察以及获取的定性资料着手,通过对原始资料的系统分析和归纳,逐步提取出能够用于构建理论框架的相关概念和范畴,然后不断地对这些概念和范畴进行浓缩,并且试图在各个概念、范畴要素之间建立联系,最终形成理论的研究方法[242]。目前,扎根理论方法已经被学者公认为定性研究中较为权威和规范的研究方法,在教育学[243-245]、行为学[246-248]等诸多学科领域得到了广泛的应用。扎根理论方法的核心是资料的收集和分析过程,该过程既包含了理论演绎又包含了理论归纳,具体流程如图 4-1 所示。在整个研究过程中资料的收集和分析既是同时发生的也是连续循环进行的[249]。

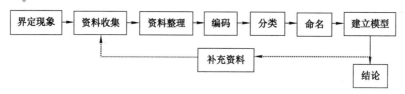

图 4-1 扎根理论研究的一般流程

为了更好地结合实际对研究变量进行选择,设计出更加合理的调查问卷,本书运用扎根理论的思想和方法,在专家和矿工中开展调研,以获得更加切合实际的资料[250]。本书选取了 S 煤矿的 30 多名员工进行访谈。为了确保被访者基本信息分布较为均匀,在访谈开展前,对预调研人群进行了筛选,筛选后的被访者信息见表 4-1。访谈针对不安全行为及其影响因素在矿工中进行深入调查,要求被访者回答:① 你在实施不安全行为前是否对该行为进行成本与收益的核算？② 你认为哪些因素影响矿工不安全行为成本和收益？③ 你在实施不安全行为前，是否会考虑该行为会受到经济或法律的制裁？你是否会因此承受精神压力？[251] ④ 你在准备实施不安全行为的过程中会产生哪些不安全行为成本？⑤ 你是否会利用手中的权力创造不安全行为机会，在寻找不安全行为机会过程中需要哪些成本？⑥ 你觉得实施不安全行为带给你哪些物质收益？⑦ 你觉得实施不安全行为带给你哪些精神收益？⑧ 你觉得你所在的工作环境中存在小群体吗？你会模仿其他人的不安全行为吗？[252] 为确保访谈质量，要求每次访谈时间在 25 分钟以上，对每次访谈进行录音，并将访谈文字内容进行归纳整理，以供变量选取和调查问卷设计参考。

表 4-1　　　　　　　　　　　　　被访者基本信息

项目	类别	人数/人	所占比例/%
年龄	20～25 周岁	7	23
	26～30 周岁	13	43
	31～40 周岁	6	20
	41 周岁以上	4	14
教育水平	专科及以下	9	30
	本科	17	57
	研究生及以上	4	13
关系密切的工友数量	3 个以下	10	33
	6 个以下	14	47
	8 个以上	6	20

本次访谈形成有效文本资料 30 份，根据扎根理论分析的操作程序对原始资料进行分析。该程序主要分为三个部分：开放编码（开放式登录）、主轴编码（关联式登录）和选择编码（核心式登录）。

（1）开放编码

首先，对 30 个随机样本资料中被访者发表的评论和观点进行整理。其次，将整理好的资料进行编码，一般流程如下：① 贴标签，即对收集的访谈资料中涉及不安全行为的话语用"ax"来表示；② 定义现象，即对"ax"现象进行简单概括和描述；③ 概念化，即对"ax"进行更具体的分类，分类后用"Ax"表示；④ 范畴化，即对上环节的概念化分类进行更详细的归类，分类后用"AAx"表示。经过开放性编码后，最终得到描述矿工不安全行为的标签 13 个、概念 10 个、范畴 7 个，见表 4-2。

表 4-2 　　　　　　　　　　　　　开放编码

编码过程

访谈资料(贴标签)	定义现象	概念化	范畴化
"……现在企业的处罚力度还是比较小,如果实施不安全行为之后被发现,处罚力度较重,损失较多我肯定不会冒这么大的风险(a1)""如果出现事故,不仅身体要承受疼痛,精神上的压力比较大,那我得重新考虑成本和收益(a2)……"	a1 处罚损失低 a2 承受的压力大	A1 承受的损失(a1) A2 承受的精神压力(a2)	AA1 风险成本(A1、A2)
"如果你成为班组长,你是否会严于律己减少不安全行为的发生(a3)……""……如果我成为班组长,我会利用手中的权力对一些不安全行为进行揭发,要以身作则,减少不必要事故的发生(a4)……"	a3、a4 班组长以身作则减少事故发生	A3 继续担任班组长的成本(a3、a4)	AA2 预备成本(A3)
"当我在实施不安全行为时,其实内心是害怕的,怕被其他工友揭发(a5)……""……如果我发现其他员工操作不当,我也会效仿他们产生不安全行为(a6)"	a5 实施过程怕被揭发 a6 模仿工友	A4 行为进行中内心恐惧(a5) A5 模仿行为(a6)	AA3 实施成本(A4、A5)
"如果能够暂时缓解身体疲劳,我会产生不安全行为的想法(a7)……""如果能够给我带来生理需求的满足,我会产生不安全行为的想法(a8)……"	a7 缓解精神疲劳 a8 生理需求得到满足	A6 精神压力释放(a7) A7 生理满足感(a8)	AA4 精神收益(A6、A7)
"如果不安全行为发生能带来经济奖励,我会继续实施不安全行为(a9)……""如果短时间内可以提高工作效率,并获得额外奖赏,我会继续实施不安全行为(a10)……"	a9 经济奖励 a10 额外奖赏	A8 物质收益(a9、a10)	AA5 物质收益(A8)
"比如卡车起步时,设备碰撞,造成人员伤害,设备损坏(a11)……""不安全行为有很多,最平常的行为,比如不戴安全帽(a12)"	a11、a12 不安全行为	A9 不安全行为(a11、a12)	AA6 不安全行为(A9)
"2015 年 10 月 9 日,江西省上饶县枫岭头镇永吉煤发生瓦斯爆炸事故,造成 3 人遇难、7 人受伤……(a13)"	a13 矿难事故	A10 矿难事故	AA7 矿难事故(A10)

（2）主轴编码

为了形成更具综合性、抽象性和概念化的编码,本书在开放性编码的基础上进行主轴编码,主要是将开放式编码中被分割的资料,通过编码分析,在不同范畴间建立联系,形成更概括性的范畴。如编码 16-5-2 表示编号为 16 的受访者对第 5

个问题的回答中的第 2 句话。经过反复的比较分析,不安全行为成本包括风险成本、预备成本、实施成本;不安全行为收益包括精神收益和物质收益,如表 4-3所列。

表 4-3　　　　　　　　　　　　　　　主轴编码

编码	主范畴	影响关系的概念	概念
1	成本构成因素	风险成本因素(11-1-1、2-1-3、4-1-5、12-1-7、19-1-7、4-1-1、29-1-1、27-1-1、16-1-1、21-1-4、15-1-3、18-1-5、22-1-5) 预备成本因素(6-2-1、8-2-1、10-2-2、11-2-1、14-2-1、19-2-2、3-2-4、7-2-7、22-2-5) 实施成本因素(7-3-1、9-3-1、11-3-1、12-3-2、14-3-1、8-3-2、10-3-3)	某项行为实施之前,都会有一个行为的准备过程,创造实施该行为的条件以及该行为发生的不利后果。风险成本、预备成本、实施成本三者是行为实施前准备过程,这三者成本共同构成了不安全行为成本
2	收益构成因素	精神收益（3-4-1、9-4-3、22-4-4、13-4-2、17-4-3、21-4-1、24-4-1、27-4-1、29-4-1） 物质收益(1-5-1、2-5-1、3-5-1、5-5-1、18-5-2、15-5-1、19-5-1、22-5-2、25-5-1)	不安全行为收益一般分为物质收益和精神收益,从两个角度对行为的收益进行分析。不管是物质收益还是精神收益都是为了尽快完成工作,争取更高报酬和更多的晋升机会,最终形成矿工不安全行为收益

（3）选择编码

首先选择核心范畴,再把核心范畴系统地与其他范畴予以联系,并把概念化尚未发展完备的范畴补充完整。矿工在实施不安全行为之前对不安全行为进行成本与收益的计算,当不安全行为的收益大于不安全行为的成本时,他会发生不安全行为,那么研究核心问题可以概念化为"矿工不安全行为影响因素",如图 4-2 所示。

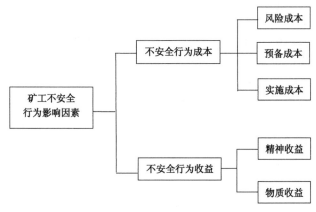

图 4-2　矿工不安全行为影响因素

4.1.1.2 研究变量界定

上文采用扎根理论的研究方法,研究发现不安全行为成本包括风险成本、预备成本、实施成本,不安全行为收益包括精神收益和物质收益,基于上述研究,在此对本书涉及的研究变量进行描述。

(1) 被解释变量

本书研究认为,不安全行为等同于人因失误,是指那些曾经引起过事故或可能引起事故的人的行为,它们是造成事故的直接原因。

(2) 解释变量

① 风险成本

风险成本是不安全行为主体承受的精神压力和物质损失。它可分为心理成本和惩罚成本。心理成本是矿工承受由于不安全行为造成矿难事故的心理压力。惩罚成本是指矿工实施不安全行为的惩罚力度。

② 预备成本

预备成本是指欲行不安全行为者在创造条件、预备实施不安全行为活动的过程中所产生的成本。在此处提到的不安全行为指的是利用权力以期谋取个人私利,因此不安全行为发生的条件是占有并掌握一定权力。不安全行为的预备成本一般包括为获得组班长资格所需的受教育费用、付出的努力和保住现有职位和权力的各种投入等。

③ 实施成本

实施成本是指矿工在实施不安全行为过程中所付出的代价,比如矿工为实施不安全行为花费时间去琢磨制度漏洞,创造不安全行为的机会,实施不安全行为。因为进行不安全活动,需要从企业或现行法律法规和制度当中寻找漏洞从而发掘实施不安全行为的机会。在此过程中,矿工需要花费一定的时间和精力去琢磨。

④ 精神收益

精神收益是指矿工实施不安全行为在思想、生理和精神领域所得到的满足,能暂时缓解身体疲劳,带来精神放松,使精神得到舒展,压力得到释放。

⑤ 物质收益

物质收益是指实施不安全行为人员实施了不安全行为后获取的可用货币价值来计量的所得,包括非正常收入、各种福利待遇和额外奖赏,如超额完成工作任务给予的奖励、提拔为班组长或基础管理人员等。

(3) 控制变量

① 年龄

年龄代表着矿工的人生阅历和风险及价值观取向,与其工作经验、适应能力以及处理事情的方法等息息相关,从而影响他们的行为选择。史蒂文斯(Stevens)和特里斯(Trice)研究指出年龄越大的矿工对工作的现状有更大的心理认同,不会轻易改变现状,他们可能更关注他们的经济利益和职业的稳定性,倾向于采取风险较小的行动。与年老的矿工相比,年轻的矿工更倾向于高风险的行为。

②教育水平

教育水平反映了一个人的认知能力和专业技术水平,矿工教育水平越高表明他们风险感知能力和适应环境变化的能力越强,越具有较高的安全信息处理能力和应对工作环境快速变化的决策能力。

鉴于以上理论,同时考虑变量的可量化性,构建如表 4-4 的变量选择。

表 4-4　　　　　　　　　　　　变量的选择

类别	变量名称	变量定义
被解释变量	不安全行为	引起事故或可能引起事故的人的行为
解释变量	风险成本	不安全行为具有风险性
	预备成本	预备实施不安全行为过程中所产生的成本
	实施成本	实施不安全行为过程中所付出的代价
	精神收益	实施不安全行为带来的精神收益
	物质收益	实施不安全行为带来的直接得益
控制变量	年龄	年龄状况从低到高赋值为 1 到 4
	教育水平	学历水平从低到高赋值为 1 到 5

4.1.2　矿工不安全行为研究假设

4.1.2.1　不安全行为成本与不安全行为

行为成本是行为产生的影响因素之一,行为实施者在实施某种行为之前会对行为成本进行衡量,以判断其是否发生该行为。这种行为不只限于不安全行为,在会计和经济等领域广泛存在。如陈艳、田文静对会计舞弊行为进行研究,发现会计行为主体在判断是否舞弊时,容易受到对舞弊事件结果熟悉程度与显著性等可获取因素的影响,换言之,舞弊成本的高低直接决定着舞弊行为的发生[253];官青对食品安全问题进行研究,发现厂商的各种违法行为之所以屡禁不止,是因为消费者检举该行为会发生大量成本,比如各种交通费、通信费和鉴别费用等,这使得检举行为并非零成本,对于该情况大多消费者采取逃避、坐视不管的态度[254]。

孟文静对贿赂行为进行研究,发现行贿人员面临的行贿成本包括风险成本、预备成本和实施成本[255]。风险成本,即行为主体因为腐败行为所承受的损失,一般表现为腐败行为主体履行承诺为他人牟利,承担无法收到贿赂的风险,承受因腐败败露而身败名裂风险的成本。预备成本,主要体现为公共权力的取得和维持成本,包括为获得政府任职资格所需的受教育费用、通过竞争性公职考试的努力、勤勉工作以获得职位晋升的竞争、保住现有职位和权力的各种投入等。实施成本,在贿赂型腐败中,该成本体现在行为主体发现行贿受贿的交易对象,为贿赂金额讨价还价,或者是故意提出会使他人获利的政策,诱使他人进贡;在贪污型腐败中,该成本体现在官员利用信息优势,蒙骗上司和社会,将公共财产据为己有。这三者行为成本影响行贿人员实施贿赂行为,研究表明当贿赂的风险成本、预备成本、实施成本越大,实施贿赂行为的可能性越小。以上违规或违法行为研究关系与矿工不安全行为发生原理相似,而在一次不安全行为中,矿工实施不安全行为承受的压力和损失所形成的风险成本,基层管理人员为维护自己的权利付出的预备成本以及为实施不安全行为形成的实施成本,与腐败行为成本的构成要素相同,矿工在实施不安全行为之前,通过衡量和比较三者成本,当付出代价越大,其实施不安全行为的动机越小。为此,提出以下假设:

H1a:风险成本与不安全行为呈负相关。

H1b:预备成本与不安全行为呈负相关。

H1c:实施成本与不安全行为呈负相关。

4.1.2.2 不安全行为收益与不安全行为

作为理性的决策者,行为主体根据行为收益与行为成本的比较来决定自身行为。即使安全行为能够增加个人收益,但只要不安全行为带来的收益大,行为主体就会选择不安全行为。

我国许多学者在这一方面进行了相关研究,其结果都证明了不安全行为收益与不安全行为之间的关系。田水承等通过对交通事故违章违规行为进行研究,发现违章违规者能从该行为获益[256]。客车超员、机动车超载等违规行为产生的经济效益是看得见摸得着的,而驾驶员超速、行人不遵守交通规则这种经济效益却又是隐形的,违章者通过违章行为可以减轻自己的劳动强度,缩短劳动时间,从而使他们得到身体上、心理上一定程度的满足。所以说,交通事故违章违规行为是违章人员通过一定的"分析研究"和"科学决策"后而实施的一种"理性行为"。该行为是一种"有利可图"的"高收益"行为。张琼方根据国企高管腐败行为的现状,用定性的方法归纳总结出腐败行为的收益主要包括经济收益、社会收益以及心理收益[257]。可见,精神收益和物质收益驱使着任何违法或违规行为的发生,当两者收益最大,说明行为者收益最多,这种利益会促使该不安全行为的再次发生。由此,提出下列假设:

H2a:精神收益与不安全行为呈正关系。

H2b:物质收益与不安全行为呈正关系。

4.1.3　矿工不安全行为影响因素模型

在对国内外有关不安全行为成本和不安全行为收益与不安全行为关系的相关文献分析总结的前提下,本书选取风险成本、预备成本、实施成本、精神收益和物质收益分别作为衡量不安全行为成本和不安全行为收益的重要指标,进而探讨两者与不安全行为之间的关系。综上所述,可以得出不安全行为的影响因素模型图,如图 4-3 所示。

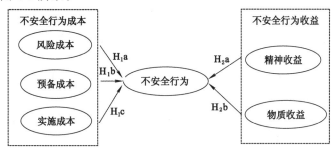

图 4-3　不安全行为影响因素模型

4.2　问卷设计和数据收集

为了准确测量并验证矿工不安全行为影响关系,需要对假设模型进行实证研究验证。在验证模型之前需要设计各种变量的测量问卷,本书使用问卷调研的方法获取不安全行为的测量数据,为模型的拟合度检验做好数据收集的准备工作。

4.2.1　问卷设计原则

（1）问卷设计过程

为达到本书研究目的以及提高调查问卷的效度,问卷设计的过程包括以下两个方面:

① 问卷编制。查看国内外文献,收集已有的相关变量的测量问卷,根据研究需要将题项进行改进和修正。对于文献中无法找到的新测量变量,根据理论分析自行设计测量题项。然后与导师、本领域相关专家进行探讨,对部分测量题项做进一步的修正,形成初始问卷。为达到调研目的,笔者与部分矿工进行交谈,了解他们的基本情况后,询问他们认为可能影响矿工不安全行为的因素有哪些、提供笔者根据理论研究得到的因素并与其进行探讨,然后针对问卷测量题项进行沟通,使题项内容更符合实际情况,形成最终问卷。

② 问卷内容。问卷内容共包括两个部分,第一部分为问卷填写者基本情况的调查,因为学历、教育水平、工作年限、身体健康状况和密切工友数这些对矿工

不安全行为有影响,所以选择这些信息来调查,可以有效地帮助对问卷的筛选以及进一步的研究,对问卷的有效性和目的性具有十分重要的参考意义。第二部分主要是各影响因素和矿工不安全行为的调查,包括风险成本、预备成本、实施成本、精神收益、物质收益和不安全行为。通过该部分可以了解影响矿工不安全行为的因素有哪些以及问卷填写者是否有不安全行为和对待不安全行为的态度。

（2）问卷结构

问卷包括三个部分,第一部分为问卷说明,包括此次调查问卷所要达到的目标以及在问卷填写过程中的一些注意事项;第二部分是对问卷填写人的一些基本情况的了解;第三部分是变量测量的题项部分,分别采用 Likert 5 级量表评价法,请被调查者根据自己的真实想法对相关描述的重要程度进行选择,"1"表示强烈反对、"2"表示反对、"3"表示中等、"4"表示同意、"5"表示强烈同意。

4.2.2 问卷设计与变量测量

（1）不安全行为成本问卷设计

依照前文对不安全行为成本的维度划分,本书中的不安全行为成本问卷主要包括风险成本的测量题项、预备成本的测量题项和实施成本的测量题项,见表4-5。本书在借鉴前人的研究基础上,结合本书的研究目的,删减一部分不符合本书实际情况的题项,同时对部分问卷的语句进行了修改。其中游劝荣对违法行为成本进行论述,指出风险成本对违法影响最明显[258]。此外,借鉴了李红霞、范永斌等以风险认知偏好、风险情感偏好和行为意向偏好为基础编制的煤炭工人风险偏好水平问卷[259],采用了风险认知偏好问卷,该问卷包含的项目如"风险不会带来经济损失,因此我会选择去冒险""风险不会造成人身伤害,因此我会选择去冒险"等。为确保问卷的设计符合本书的研究目的并有较好的信度和效度,在广泛阅读和分析国内外大量文献的基础上,如杨世博证明了风险成本、预备成本、实施成本是腐败成本中最主要的要素,对腐败行为有直接影响作用[260]。在此基础上,融合风险认知偏好和腐败成本的理论知识,最后构成风险成本变量题项。

表 4-5   **不安全行为成本的测量**

不安全行为成本	编号	测量题项
风险成本	A11	如果被发现的机会很小的话,我会产生不安全行为的想法
	A12	如果被发现后,对我的经济、刑事处罚很轻的话,我会产生不安全行为的想法
	A13	如果被发现之后承受的精神压力比较小的话,我会产生不安全行为的想法

不安全行为成本	编号	测量题项
预备成本	A21	如果你成为班组长,你是否会严于律己减少不安全行为的发生
	A22	如果我成为班组长,我会利用手中的权力对一些不安全行为进行揭发,要以身作则,减少不必要事故的发生
	A23	如果在单位里我说了算的话,我会想着找点机会去实施不安全行为
实施成本	A31	当我在实施不安全行为时,内心是害怕的,怕被其他工友揭发
	A32	如果没有媒体进行监督的话,我会试着去找点机会实施不安全行为
	A33	如果很少有人能对我工作进行监督,我会产生不安全行为的想法

预备成本指矿工为了实施不安全行为创造的成本,主要针对对象是班组长或基层管理人员。孔德云对腐败人员的预备成本主要题项包括"如果在单位里面我说了算的话,我会想着找点机会去腐败""如果我身上兼有的职务越多的话,我会想着试着找点机会腐败"等[251]。由于腐败行为中的预备成本与不安全行为中的预备成本相似,故借鉴了该成本问卷题项。

实施成本一般包括监管力度以及同伴的影响作用。梁振东在煤炭工人行为研究中采用的题项为"单位定期、不定期的组织安全检查或安全隐患排查活动"等[261];薛明月对矿工生理和心理进行试验测量,认为同伴的监督和影响作用对矿工不安全行为的发生起到抑制作用,该问卷题项如"周围没有管理人员监督,偷懒节省体力忽略必要的工序""安全检查不严格"等[227]。本书在借鉴上述题项的基础上,最终形成实施成本的问卷。

(2) 不安全行为收益问卷设计

不安全行为收益影响因素部分的问题借鉴了国内不同领域专家的研究。借鉴国内学者李英芹对矿工行为收益测量的问卷题项,如"遵章作业不会受到奖励""遵章行为的成本太大收益太小"[54];张小飞对腐败行为进行研究时明确提出腐败行为收益主要为精神收益和物质收益[262];周彦同样对腐败行为的收益进行分析,认为精神收益和物质收益是受贿者收益的重要组成部分[263];刘欢妮对该课题的研究也证明了该观点[264]。可见,精神收益和物质收益两个因子是大家一致认同的。而腐败行为与不安全行为都是违规行为,其带来的收益也是相同的。因此,本书将精神收益和物质收益作为不安全行为收益测量维度,以此构成不安全行为收益问卷,见表 4-6。

表 4-6 不安全行为收益的测量

不安全行为收益	编号	测量题项
精神收益	B11	如果能够给我带来生理需求的满足,我会产生不安全行为的想法
	B12	如果能够暂时缓解身体疲劳,我会产生不安全行为的想法
	B13	如果能够给我带来较高的地位,我会产生不安全行为的想法
物质收益	B21	如果不安全行为发生能带来经济奖励,我会继续实施不安全行为
	B22	如果短时间内可以提高工作效率,并获得额外奖赏,我会继续实施不安全行为
	B23	如果我的工资比较低的话,我会试着找点机会通过实施不安全行为超速完成工作任务,以获得奖励

(3) 不安全行为问卷设计

不安全行为的测量主要是通过调查员工对自己或工友不安全行为的主观感受,以自报告式的形式为主。例如直接问员工"是否在操作时经常打破安全规范",从员工对此问题的反馈来反映员工的行为安全性。在此基础上,结合我国的《企业职工伤亡事故分类标准》中对不安全行为的详细划分,初步形成了不安全行为的 11 道题项,选取 5 位不安全行为研究方面的专家,向其表明本书的研究目的,通过深度访谈让他们对已形成的 11 道结构化题项进行判断,对不符合研究目的的题项进行删除、调整和提炼,最后形成了体现专家效度的 9 道题项,在此基础上形成不安全行为的调查问卷,见表 4-7。

表 4-7 不安全行为的测量

编号	测量题项
V1	工作过程中,是否有操作错误,忽视安全,忽视警告的行为
V2	在工作过程中,是否曾使用过不安全设备
V3	在工作过程中,是否曾用手代替工具操作
V4	在工作过程中,是否曾将常用工具存放不当
V5	在以往的工作经历中,是否曾冒险进入危险场所
V6	在工作过程中,是否攀、坐过不安全位置
V7	是否曾在机器运转时做过拆装、修理、检查、调整、清洗等工作
V8	在工作过程中,是否有分散注意力的情况
V9	在必须使用个人防护用品用具的作业或场合中,是否忽视其使用

4.2.3 数据收集

本书的研究对象为 S 煤矿和其他煤炭企业的职工。因此,为了保证研究的可靠性,本书将选择具有丰富工作经验的员工进行问卷调查。

在正式发放调查问卷之前,为了保证问卷的准确性和科学性,对矿工不安全行为影响的问卷进行专家访谈,再通过与企业负责人的实地沟通修改了部分语句,使问卷读起来清晰易懂。

4.2.4　实证方法

本书采取的研究方法与数据分析步骤如下:

(1)运用 SPSS21.0 软件对问卷进行描述性统计分析和信效度分析。

(2)相关分析。验证不安全行为成本和不安全行为收益各个维度与不安全行为之间的关系和关系的紧密程度。

(3)回归分析。进一步研究不安全行为成本和不安全行为收益各个维度与不安全行为之间的因果关系及大小。

(4)矿工个人属性变量分析。研究矿工的年龄、受教育水平对研究变量的影响作用。

4.3　数据分析与假设检验

首先,对样本进行了描述性统计分析,对样本的特征进行了初步分析;其次,对样本进行了信度和效度检验,证明了问卷的合理性;最后,运用回归分析对解释变量和被解释变量之间的关系进行了验证。

4.3.1　描述性统计分析

本书调查问卷主要集中在 S 煤矿,被测人员主要是井下作业人员和基层管理人员,具体来说,包括了采煤区、掘进区、运输区、机电科等区队,所涉及的工种主要包括:采煤工、移架工、运料工、通防工、机电工、采煤机司机、胶带司机、绞车司机等。本书借助项目调研的便利条件,对该公司共计 150 人进行了问卷调查,回收 135 份,问卷回收率 90%。除去填答残缺不全等无效问卷后,有效问卷 120 份,有效问卷率为 89%。样本的描述性统计分析结果见表 4-8。

表 4-8　　　　　　　　　　　描述性统计分析

项目	类别	人数/人	百分比/%
年龄	20～25 岁	37	30.8
	26～30 岁	42	35.0
	31～40 岁	24	20.0
	41 岁以上	17	14.2
	合计	120	100

项目	类别	人数/人	百分比/%
教育水平	初中及以下	11	9.2
	高中	33	27.5
	大专	40	33.3
	本科	20	16.7
	硕士及以上	16	13.3
	合计	120	100
工龄	1 年以下	12	10
	1~5 年	44	36.7
	6~9 年	37	30.8
	10~20 年	20	16.7
	21 年以上	7	5.8
	合计	120	100
身体状况	不好	10	8.3
	不太好	19	15.8
	一般	40	33.3
	比较好	23	19.2
	良好	28	23.4
	合计	120	100
密切工友数量	1 个	28	23.3
	3 个	46	38.3
	6 个	27	22.5
	8 个	11	9.2
	8 个以上	8	6.7
	合计	120	100

从样本的人口统计特征来看,本次调查的样本结构比较合理,被调查的对象在年龄、学历、工龄、身体状况、密切工友数量等方面的分布比较符合现实情况,满足了本次调查的抽样要求,同时也避免了样本单一所造成的偶然因素。从调查对象的年龄来看,26~30 岁的群体占据了 35%,表明青年矿工是煤矿企业矿工的主要群体,并且从调查统计结果可知,样本包括各年龄层的调查对象,具有较好的代表性。从调查对象的受教育水平来看,大部分调查对象都是高中以上的学历水平,达到了总样本数量的 63.3%,说明被调查对象的知识水平也是可

以很好地填写本问卷,一定程度上保证了问卷的质量。从调查对象的工龄来看,大部分调查者的工龄还是很长,甚至达到 20 年左右,说明被调查者的工作经验足够保证问卷的准确性。从调查对象的身体状况来看,大部分调查者身体状况良好,可以从事繁重的矿井工作。从调查对象的密切工友数量来看,大部分调查者有稳定的朋友圈。

从表 4-8 的描述性统计分析可知,样本特征分布较为均匀,调查问卷基本涵盖了不同的矿工年龄、教育水平、工龄、身体状况和密切工友数量。因此,有效回收的样本能较好地说明本书所要研究的问题。

4.3.2　问卷信度和效度

(1) 问卷的信度分析

本书的问卷共包含不安全行为成本、不安全行为收益、不安全行为 3 个问卷,共 24 个题项。利用统计软件 SPSS21.0 运行出的 Cronbach's α 信度系数大小按照表 3-13 标准进行测评。

测量的结果显示,不安全行为成本中风险成本、预备成本、实施成本的 Cronbach's α 系数,不安全行为收益的精神收益和物质收益 Cronbach's α 系数,不安全行为总问卷的 Cronbach's α 系数均超过了 0.7,参照 Cronbach's α 系数的评判标准,说明本书所采用或者设计的问卷具有较好的信度,见表 4-9。

表 4-9　　　　　　　　各变量问卷信度检验结果

变量	维度	测量项	Cronbach's α 系数
不安全行为成本	风险成本	A11、A12、A13	0.739
	预备成本	A21、A22、A23	0.738
	实施成本	A31、A32、A33	0.718
不安全行为收益	精神收益	B11、B12、B13	0.950
	物质收益	B21、B22、B23	0.828
不安全行为		V1、V2、…、V11	0.720

(2) 问卷的效度分析

① 不安全行为成本问卷效度分析

在探索性因子分析的过程中,要对问卷中的问项进行 KMO 测度和 Bartlett 球形检验,具体检验标准见表 3-15,同时要求 Bartlett 球形检验的显著性概率为 0.000,小于 1%。另外,对问卷进行探索性因子分析采用主成分分析法,以最大方差法为转轴方式,提取特征值大于 1 的因子。删除交叉负荷较高、公因子方差较低(低于 0.5)、落在同一因子中的其他项目内涵差异较大、在某一因子上的负荷较低(低于 0.4)的问卷项目。

问卷经过回收整理之后,首先对调查样本(n=120)进行探索性因子分析,以检验不安全行为成本影响因素问卷的结构效度。通过因子分析,将各条目重新归类,找出分问卷中潜在的结构,得到一组较少但彼此相关较大的变量。

将不安全行为成本问卷中的9个问题进行 KMO 测度和 Bartlett 球形检验(表 4-10)。其中 KMO=0.774,根据 Kaiser 给出了常用的 KMO 度量标准:0.9以上表示非常适合;0.8表示适合;0.7表示一般;0.6表示不太适合;0.5以下表示极不适合。同时 Bartlett 球形检验的显著性概率为 0.000,说明数据具有相关性,适合做因子分析。

表 4-10   不安全行为成本的 KMO 测度和 Bartlett 球形检验

取样适切性量数		0.774
Bartlett 的球形度检验	卡方	479.201
	自由度(df)	36
	显著水平(Sig)	0.000

对问卷进行探索性因子分析,采用主成分分析法,以最大方差法为转轴方式,提取特征值大于1的因子。通过最大正交旋转,累积方差解释率达到73.655%(表 4-11)。对各因子项目进行内容分析后得到9个项目3个因子结构,将因子分别命名为"风险成本"、"预备成本"和"实施成本",见表 4-12。

表 4-11   方差解释

成分	初始特征值			提取平方和载入			旋转平方和载入		
	合计	方差/%	累积/%	合计	方差/%	累积/%	合计	方差/%	累积/%
1	3.798	42.201	42.201	3.798	42.201	42.201	2.634	29.263	29.263
2	1.847	20.51	62.718	1.847	20.517	62.718	2.161	24.012	53.276
3	0.984	10.938	73.655	0.984	10.938	73.655	1.834	20.380	73.655
4	0.757	8.412	82.067						
5	0.441	4.903	86.971						
6	0.381	4.237	91.207						
7	0.304	3.379	94.587						
8	0.276	3.066	97.653						
9	0.211	2.347	100.000						

表 4-12　　　　　　　　　　　　旋转后的因子负荷矩阵

指标	因子负荷		
	风险成本	预备成本	实施成本
A11	0.751		
A12	0.777		
A13	0.645		
A21		0.736	
A22		0.751	
A23		0.613	
A31			0.683
A32			0.642
A33			0.711

② 不安全行为收益问卷效度分析

将不安全行为收益问卷中的 6 个问题进行 KMO 测度和 Bartlett's 球形检验。其中 KMO=0.808,见表 4-13。根据 Kaiser 给出了常用的 KMO 度量标准:0.9 以上表示非常适合;0.8 表示适合;0.7 表示一般;0.6 表示不太适合;0.5 以下表示极不适合。同时 Bartlett's 球形检验的显著性概率为 0.000,说明数据具有相关性,适合做因子分析。

表 4-13　　　　不安全行为收益的 KMO 测度和 Bartlett 球形检验

取样适切性量数		0.808
Bartlett 的球形检验	卡方	484.985
	自由度(df)	15
	显著水平(Sig)	0.000

对问卷进行探索性因子分析,采用主成分分析法,以最大方差法为转轴方式,提取特征值大于 1 的因子。通过最大正交旋转,累积方差解释率达到 84.013%(表 4-14)。对各因子项目进行内容分析后得到 6 个项目 2 个因子结构,将因子分别命名为"精神收益"、"物质收益",见表 4-15。

表 4-14　　　　　　　　　　　　　　　　方差解释

成分	初始特征值			提取平方和载入			旋转平方和载入		
	合计	方差/%	累积/%	合计	方差/%	累积/%	合计	方差/%	累积/%
1	3.303	55.049	55.049	3.303	55.049	55.049	3.303	55.049	55.049
2	1.738	28.964	84.013	1.738	28.964	84.013	1.738	28.964	84.013

续表 4-14

成分	初始特征值			提取平方和载入			旋转平方和载入		
	合计	方差/%	累积/%	合计	方差/%	累积/%	合计	方差/%	累积/%
3	0.566	9.426	93.440						
4	0.153	2.544	95.983						
5	0.126	2.097	98.081						
6	0.115	1.919	100.000						

表 4-15　　　　　　　　　　旋转后的因子负荷矩阵

项目	因子负荷	
	精神收益	物质收益
B11	0.855	
B12	0.852	
B13	0.841	
B21		0.727
B22		0.739
B23		0.668

③ 不安全行为问卷效度分析

将不安全行为问卷中的 9 个问题进行 KMO 测度和 Bartlett's 球形检验。其中 KMO=0.755,见表 4-16。根据 Kaiser 给出了常用的 KMO 度量标准:0.9 以上表示非常适合;0.8 表示适合;0.7 表示一般;0.6 表示不太适合;0.5 以下表示极不适合。同时 Bartlett's 球形检验的显著性概率为 0.000,说明数据具有相关性,适合做因子分析。

表 4-16　　　　　　　不安全行为的 KMO 测度和 Bartlett 球形检验

取样适切性量数		0.755
Bartlett 的球形度检验	卡方	292.557
	自由度(df)	55
	显著水平(Sig)	0.000

对问卷进行探索性因子分析,采用主成分分析法,以最大方差法为转轴方式,提取特征值大于 1 的因子。通过最大正交旋转,累积方差解释率达到 70.848%,得到 9 个项目 1 个因子的结构,将因子命名为"不安全行为",见表 4-17。

表 4-17　　　　　　　　　　方差解释

成分	初始特征值			提取平方和载入		
	合计	方差/%	累积/%	合计	方差/%	累积/%
1	4.313	70.848	70.848	4.313	70.848	70.848
2	0.638	11.763	84.013			
3	0.566	9.426	86.440			
4	0.489	8.124	88.468			
5	0.344	5.733	90.378			
6	0.253	4.544	94.983			
7	0.196	3.176	96.386			
8	0.126	2.097	98.081			
9	0.115	1.919	100.000			

　　但是,由于本书的研究设计是将不安全行为作为一个整体进行研究,通过最大方差法进行因子旋转,得到结果见表 4-18,只抽取了一个成分,无法旋转此解,因此,符合本书的研究设计,为下一步的回归分析奠基了基础。

表 4-18　　　　　　　　　旋转后的因子负荷矩阵

a. 只抽取了一个成分无法旋转化解

4.3.3　相关性检验

　　相关分析与回归分析具有相当密切的关系。通过相关分析可以发现变量间是否存在显著的线性相关关系,回归分析则可以在明确存在显著线性相关关系后进一步揭示变量间的统计规律。因此,本书在进行回归分析前先采用 Pearson 相关系数分析各变量间是否存在线性相关关系。

　　本书采用 SPSS21.0 软件对矿工不安全行为各个影响因素与不安全行为的相关性进行分析,结果见表 4-19。在控制年龄、教育水平变量的情况下,风险成本与不安全行为之间的系数为 -0.318,预备成本与不安全行为之间的系数为 -0.440,实施成本与不安全行为之间的系数为 -0.314,可见,风险成本、预备成本、实施成本与不安全行为全部呈显著负相关关系,初步验证了不安全行为成本与不安全行为之间的相关关系,即不安全行为成本越高,不安全行为动机越小,不安全行为发生的概率越低。精神收益、物质收益与不安全行为之间的系数分别为 0.320、0.315,初步验证了精神收益、物质收益与不安全行为之间呈显著正相关关系,即不安全行为收益越多在一定程度上越容易发生不安全行为。

表 4-19 各个影响因素与不安全行为相关分析

测量变量		不安全行为	风险成本	预备成本	实施成本	精神收益	物质收益	年龄	教育水平
不安全行为	相关性	1							
	显著性								
风险成本	相关性	−0.318＊＊	1						
	显著性	0.000							
预备成本	相关性	−0.440＊＊	−0.021	1					
	显著性	0.000	0.819						
实施成本	相关性	−0.314＊＊	0.314＊＊	−0.007	1				
	显著性	0.000	0.000	0.937					
精神收益	相关性	0.320＊＊	−0.113	−0.056	−0.101	1			
	显著性	0.000	0.217	0.547	0.275				
物质收益	相关性	0.315＊＊	−0.178	−0.170	−0.123	0.143	1		
	显著性	0.000	0.052	0.064	0.180	0.118			
年龄	相关性	−0.280＊＊	−0.268＊＊	0.531＊＊	−0.192＊	−0.019	0.039	1	
	显著性	0.002	0.003	0.000	0.036	0.838	0.674		
教育水平	相关性	−0.308＊＊	0.139	0.164	0.207＊	0.123	−0.022		1
	显著性	0.001	0.130	0.073	0.023	0.182	0.808		1

4.3.4 回归分析

通过对不安全行为成本、不安全行为收益与不安全行为的相关性分析,得到了不安全行为成本与不安全行为变量两两之间是显著负相关的结果,不安全行为收益与不安全行为变量两两之间是显著正相关的结果,但是对变量之间具体的因果关系仍不清楚。因此,本书需要运用 SPSS21.0 软件对不安全行为成本、不安全行为收益与不安全行为等变量进行回归分析,进一步探究变量之间具体的因果方向和影响程度,并根据分析结果中的相关指标数据来检验前文提出的变量之间的假设是否成立。

(1) 不安全行为成本与不安全行为的回归分析

本书采用描述性统计和相关性检验的方法对调查问卷的样本数据进行分析,在此基础上,对不安全行为成本与不安全行为之间进行回归分析,其结果见表 4-20。本书把不安全行为作为因变量,以风险成本、预备成本、实施成本作为自变量,同时引入控制变量:年龄、教育水平,对不安全行为成本和不安全行为进行多元回归分析。

表 4-20

模型摘要

模型	R	R^2	调整 R^2	标准估计的误差
1	0.643[a]	0.413	0.387	0.579 29

注:a. 预测变量:(常量)、年龄、教育水平、风险成本、预备成本、实施成本。b. 因变量:不安全行为。

由表 4-20 可知,$R = 0.643$,判定系数 $R^2 = 0.413$,调整后的判定系数 $R^2 = 0.387$,这个结果说明不安全行为被解释变量达到 38.7%,其模型的拟合度良好。接着对回归方程进行显著性检验,其结果见表 4-21。

表 4-21

方差分析表

模型		平方和	自由度(df)	均方	F	Sig 值
11	回归	26.911	5	5.382	16.038	0.000[a]
	残差	38.256	114	0.336		
	总计	65.167	119			

注:a. 预测变量:(常量)、年龄、教育水平、风险成本、预备成本、实施成本。b. 因变量:不安全行为。

从表 4-21 可知,统计量 $F = 16.038$,它的相伴概率值 Sig $= 0.000 < 0.01$,这说明不安全行为成本与不安全行为之间确实存在线性回归关系,这也验证了假设 H1 的成立。

进一步通过回归得出不安全行为成本与不安全行为之间的比例系数,得出回归系数表,见表 4-22。年龄、教育水平两个控制变量与不安全行为有明显负相关关系,表明控制变量对不安全行为有显著影响。

预备成本对不安全行为的影响最大($\beta = -0.251$,$P = 0.001 < 0.05$),预备成本每增加一单位,不安全行为会减少 0.251 个单位,观察预备成本的 Sig 值,其值为 0.001 小于 0.05,这说明预备成本与不安全行为之间呈显著负相关,假设 H1b 通过检验;对不安全行为影响次之的是风险成本($\beta = -0.198$,$P = 0.000 < 0.05$),风险成本每增加一单位,不安全行为会减少 0.198 个单位,观察风险成本的 Sig 值,其值为 0.000 小于 0.05,这说明风险成本与不安全行为之间呈显著负相关,假设 H1a 通过检验;相比于上述两个维度,实施成本对不安全行为的影响最小($\beta = -0.132$,$P = 0.003 < 0.05$),实施成本每增加一单位,不安全行为会减少 0.132 个单位,观察实施成本的 Sig 值,其值为 0.003 小于 0.05,这说明实施成本与不安全行为之间呈显著负相关,支持假设 H1c。

表 4-22 系数 a

模型		非标准化系数		标准系数	t	Sig 值
		B	标准误差	试用版		
1	（常量）	5.597	0.298		18.788	0.000
	年龄	−0.173	0.065	−0.239	−2.661	0.009
	教育水平	−0.121	0.057	−0.159	−2.128	0.035
	风险成本	−0.198	0.053	−0.292	−3.717	0.000
	预备成本	−0.251	0.074	−0.295	−3.405	0.001
	实施成本	−0.132	0.043	−0.237	−3.060	0.003

注：a. 预测变量：（常量），年龄、教育水平、风险成本、预备成本、实施成本。b. 因变量：不安全行为。

（2）不安全行为收益与不安全行为的回归分析

本书把不安全行为作为因变量，以精神收益、物质收益作为自变量，同时引入控制变量：年龄、教育水平，对不安全行为收益和不安全行为进行多元回归分析。

由表 4-23 可知，$R=0.603$，判定系数 $R^2=0.363$，调整后的判定系数 $R^2=0.341$，这个结果说明不安全行为被解释变量达到 34.1%，其模型的拟合度良好。

表 4-23 模型摘要

模型	R	R^2	调整 R^2	标准估计的误差
1	0.603a	0.363	0.341	0.600 63

注：a. 预测变量：（常量），年龄、教育水平、精神收益、物质收益。b. 因变量：不安全行为。

从表 4-24 可知，统计量 $F=16.409$，它的相伴概率值 Sig$=0.000<0.01$，这说明不安全行为收益与不安全行为之间确实存在线性回归关系，这也验证了假设 H2 的成立。

表 4-24 方差分析表

模型		平方和	自由度(df)	均方	F	Sig 值
1	回归	23.679	4	5.920	16.409	0.000a
	残差	41.488	115	0.361		
	总计	65.167	119			

注：a. 预测变量：（常量），年龄、教育水平、精神收益、物质收益。b. 因变量：不安全行为。

进一步通过回归得出不安全行为收益与不安全行为之间的比例系数，得出回归系数表，见表 4-25。控制变量年龄和教育水平与不安全行为之间呈负相关关系,表明控制变量对不安全行为有显著影响。

表 4-25　　　　　　　　　　　　　　系数 a

模型		非标准化系数		标准系数	t	Sig 值
		B	标准误差	试用版		
1	(常量)	2.621	0.319		8.211	0.000
	年龄	−0.195	0.054	−0.269	−3.603	0.000
	教育水平	−0.251	0.057	−0.329	−4.372	0.000
	精神收益	0.206	0.057	0.272	3.617	0.000
	物质收益	0.211	0.051	0.316	4.169	0.000

注:a. 预测变量:(常量)、年龄、教育水平、精神收益、物质收益。b. 因变量:不安全行为。

物质收益对不安全行为的影响最强($\beta=0.211, P=0.000<0.05$),物质收益每增加一单位,不安全行为会增加 0.211 个单位,观察物质收益的 Sig 值,其值为 0.000 小于 0.05,这说明物质收益与不安全行为之间呈显著正相关,假设 H2b 通过检验;精神收益对不安全行为的影响次之($\beta=0.206, P=0.000<0.05$),精神收益每增加一单位,不安全行为会增加 0.206 个单位,观察精神收益的 Sig 值,其值为 0.000 小于 0.05,这说明精神收益与不安全行为之间呈显著正相关,假设 H2a 通过检验。

4.4　研究启示和建议

减少不安全行为,首先是防不安全行为,预防胜于惩治,防微才能杜渐,这当然是不错的。然而,预防矿工不安全行为是一项复杂工作,既包括外力的约束,也包括内心的修炼。就矿工个体而言,外因是变化的条件,内因是变化的根据。从心理层面预防和控制矿工的不安全行为动机,无疑对矿工自身具有决定性作用。由此,可以从产生不安全行为的主体入手,通过加大矿工不安全行为成本、规范矿工行为、筑构矿工减少不安全行为的心理三个层面,实现矿工"不敢为"、"不能为"、"不想为",其中"不敢为"是治标,"不能为、不想为"是治本,我们要结合起来,标本兼治,从而为矿工防控不安全行为建立起心防体系。

4.4.1　"不敢为"——完善预防机制,加大不安全行为成本

不安全行为成本是矿工因不安全行为获得收益的同时所要承担的风险。一个完善的防控不安全行为的机制,其不安全行为成本的计算必须以高出不安全行为收益为原则,否则就难以制止不安全行为的蔓延。如果一个矿工可以通过不安全行为得到比安全生产还要多的收益,那就意味着企业、社会为不安全行为

现象的滋生提供了适宜的条件与基础。不安全行为成本包括风险成本、预备成本、实施成本，因此要加大不安全行为的预期成本，需要在以下三个方面加大力度。

（1）加大惩处力度，提高风险成本

不安全行为案件的惩处力度直接影响不安全行为的发生，增加不安全行为的查处力度能够有效提高不安全行为成本，形成威慑作用。而我国对该行为的惩处力度不大，譬如：我国《中华人民共和国安全生产法》中对未按照规定实施安全生产人员的处罚规定为："生产经营单位的从业人员不服从管理，违反安全生产规章制度或者操作规程的，由生产经营单位给予批评教育，依照有关规章制度给予处分；构成犯罪的，依照刑法有关规定追究刑事责任"。《煤炭安全监察条例》中规定为："煤矿安全监察人员发现煤矿矿长或者其他主管人员违章指挥工人或者强令工人违章、冒险作业，或者发现工人违章作业的，应当立即纠正或者责令立即停止作业"。可见，法律对该行为的惩处制度还需要进一步明确，这就要求生产经营单位加大对不安全行为的惩处力度，只有这样矿工所要承受的风险成本就越大，从而提高矿工的风险成本，形成强烈处罚不安全行为的社会环境，这种压力能够在一定程度上给存在不安全行为动机的从业人员带来心理警示。此外，要加大不安全行为的风险成本，就要加重并落实经济处罚，对不安全行为的直接人员或相关人员进行经济制裁，这可以从根本上减少不安全行为的发生。

（2）完善法律条文，提高预备成本

我国关于违规操作、未安全生产惩处的法律法规还尚待完善，没有针对矿工这一特殊群体的专门法律，这给依法防控不安全行为带来一定的困扰。同时，有关惩处非法生产的法律条文亦存在一些漏洞，这也给很多从业人员或管理人员钻了法律的空子。譬如，我国法律规定：生产经营单位的负责人未履行法律规定的安全生产管理职责的，责令限期改正；逾期未改正的，处二万元以上五万元以下的罚款，责令生产经营单位停产停业整顿；煤矿矿长或者其他主管人员对工人屡次违章作业熟视无睹，不加制止的，由煤矿安全监察机构给予警告；造成严重后果，构成犯罪的，依法追究刑事责任，等等。以罚款为例，对一个企业来说，二万元以上五万元以下的罚款，对负责人来说经济处罚太轻，因为违规生产带来的经济效益远远大于经济惩罚，这种法律规定无法制止不安全行为的发生。因此，需要完善法律条文，加大惩处力度，明确惩处范围，让行为实施者无漏洞可钻，就会在一定程度上加大预备成本，最终实现预防不安全行为目的。

（3）完善监督体制，提高实施成本

目前我国煤炭安全事故的曝光率比较低，当安全事故发生时，管理人员采用虚报、少报等方式，政府官员由于害怕安全责任，也采取共用勾结或隐瞒等方式，以减少不安全事故的曝光率。对于企业内部从业人员不安全行为的曝光率更是低至又低。因此提高不安全行为的曝光率,建立完善的监督体制和查处惩治机制,依法依纪及时查处惩办不安全行为人员。

4.4.2　"不能为"——优化外部环境,减少不安全行为收益

（1）建立预期收益,让安全成为效益

由于矿工工作环境的危险性和特殊性,其随时可能面临生命安全的危险,企业管理人员更应给予矿工安全保障,建立预期收益,一方面消除矿工对退休后生活的顾虑,另一方面鼓励他们认真工作、安全工作。人都是趋利的,在两种获利的选择面前,一种是安安稳稳、安心踏实;另一种是提心吊胆、压力巨大,对于理性的矿工而言,即便预期收益的数额不多,但从趋利避险的心理出发一般都会选择通过安全生产的方式获得收入。虽然设立这样的保障金对于企业是一笔重大开支,但相比较由不安全行为造成的直接的财产流失和间接的损失,自然保障金更具有科学合理性。能够在一定程度上激发矿工安全生产、安心工作的意愿,维护了企业安全制度秩序,从而成为减少不安全行为的重要举措。

（2）发挥家庭影响,传递幸福生活

家庭在预防不安全行为中的作用,是建立在自我监督系统的社会化过程和家庭成员形成内部监督的基础上的。家庭作为社会结构的一个基本单位,是个体社会化最直接的外部环境。社会学研究表明家庭成员相互之间会产生巨大的影响和暗示作用,如果近亲成员对矿工行为的安全要求严格,并且赋予较高的期望值,那么该矿工会带着不愿辜负家庭成员的期望而自我约束,规范行为,自然不安全行为就不易发生。

4.4.3　"不想为"——加强安全教育,构筑安全心理

矿工的安全培训、安全教育以及安全态度对其不安全行为的选择有着相应的影响。所以为了改善这些影响因素,需从矿工的培训教育抓起。安全教育与培训不但可以增强员工的安全知识,培养其组织忠诚度等,而且可以提高员工的综合素质和工作能力,进而提高其决策行为的可行性和行为的可靠性等。

（1）定期对作业人员进行安全技术岗位培训,使每一个矿工从理论上懂得自己所在岗位上每一个工序的技术要求和规程措施以及安全要求,达到"应知"。因此,一是要建立严格的岗位培训制度,做到时间制度上的保障;二是要关注培训的质量和效果;三是要建立可行的奖惩制度;四是建立考核制度,在培训结束后进行考试,考试合格后拿到合格证方可上岗。为了解决矿工在岗位上的"应知"问题。一是加强岗位的技术练兵;二是在班前班后会上对矿工进行安全技能的培训;三是要求井下作业的人员严格按规程作业;四是每隔一定时期,组织煤矿员工进行技术大比武,对表现优秀的矿工予以奖励,这样有利于调动矿工学技术、学业务的积极性,促进矿工在岗按标准、按规程作业。

（2）利用生物节律和薄弱人物排查，筛选出在生理及思想上存在问题的矿工，并为其安排适当工作岗位或强化安全思想教育和技能培训。

（3）利用典型事故案例进行安全知识教育，提高矿工的安全意识，以及遵章守纪的自觉性和自我保护能力。

（4）对矿工的教育培训还应包括安全态度教育、安全知识教育、安全技能培训和安全应急能力培训等。通过各种形式的宣传教育和培训，使矿工知道不能做什么，应该做什么，做到什么程度，在发生意外时应该如何采取措施。更重要的是要使矿工不断提高安全意识，培养矿工遵守规程的自觉性，进而消除矿工的不安全行为。

第 5 章　基于成本收益的矿工不安全行为多主体模型构建与分析

5.1　矿工不安全行为成本收益模型分析

5.1.1　期望理论下矿工行为决策模型

1992 年,诺贝尔经济学奖获得者、美国芝加哥大学经济学和社会学教授贝克尔(Becker)认为根据经济学成本-收益计算可以解释和预测人类的行为倾向。只有当预期成本小于预期收益时,人类的行为动机才会转化为现实行为,而当人类行为的边际收益等于边际成本时,人类的行为才会终止,因为此时实现了净收益的最大化。由于矿工符合经济学理论中关于理性人(rational calculator)的基本假设。也就是当矿工不安全行为获得的"预期收益"大于"预期成本"时,其才会进行违章行为。因此,可以通过建立不安全行为收益-成本模型来计算矿工不安全行为决策。

(1) 矿工不安全行为成本分析

根据矿井作业实际情况,在煤矿不安全行为惩罚制度控制和约束下,矿井作业人员实施不安全行为通常会付出两方面成本,显性成本和隐性成本。

显性成本即为矿井作业人员在做不安全行为 B 所获得负向的经济成本 $EC(B)$。其中包括 IC 为实施成本,指矿工实施不安全行为时所发生的直接成本,劳动成本;OC 为机会成本,指矿工把实施不安全行为的时间、精力投入到其他生产中所能产生的收益;PC 为惩罚成本,指矿工在实施不安全行为中被抓住后处罚所形成的成本,包括:① 罚金,如罚款,赔偿等;② 停工反省,违章停止工作所损失的收益;③ 吊销执业资格,由于违章被吊销执业资格或不能从事现有工作所带来的成本;④ 其他成本,由于违章而得不到奖金的成本等。

$$EC(B) = IC + OC + PC \tag{5-1}$$

隐性成本即为矿井作业人员在做不安全行为 B 所付出的自然成本 $NC(B)$。其中自然成本包括法规执行成本 FG,衡量个体采取不安全行为时可能受企业规章或法律法规处罚而需要承担的心理成本;危险压力成本 WY,个体采取不安全行为时所考虑到的自身不安全行为对生命及健康的威胁程度。

$$NC(B) = FG + WY \qquad (5-2)$$

在现行的煤矿安全管理实践中，"焦点监察"的情况是普遍存在的煤炭企业往往只是监察矿井作业人员是否选择了不安全行为，而不监察其是否选择了安全行为，因此以概率 $P_{(B)}$ 表示发生不安全行为被监察到的概率。此外，根据海因里希安全法则，即当一个企业有个 300 个隐患或违章，必然要发生 29 起轻伤或故障，在这 29 起轻伤事故或故障当中，有一起重伤、死亡或重大事故，因此设计自然成本发生概率为 $(1-1/300)$。因此，不安全行为的预期成本 C 为经济成本和自然成本之和。

$$C = (1 - 1/300) * (FG + WY) + P_{(B)} * (IC + OC + PC) \qquad (5-3)$$

（2）矿工不安全行为收益分析

在充分考虑到煤矿工作环境与安全管理的特殊性之后，可以对矿工实施安全行为获得的收益分成两方面，即显性收益和隐性收益。

显性收益即为矿井作业人员在做安全行为 A 所获得的经济收益 $EU(A)$。其中包括基本收益 BU，指矿工在正常工作中获得的基本工资薪酬；奖励收益 PU，指矿工在安全生产施工中获得相关荣誉或表彰，由此获得的经济奖励。

$$EU(A) = BU + PU \qquad (5-4)$$

隐性收益即为矿井作业人员在做安全行为 A 所获得的自然收益 $RU(A)$。其中包括生理及心理效价 SX，用来反映个体发生不安全行为与安全行为相比较进而得到的生理和心理上的满足程度；时间效价 SJ，个体采取不安全行为所带来的作业时间的节省。

$$RU(A) = SX + SJ \qquad (5-5)$$

由矿工不安全行为成本分析可知，不安全行为被监察概率为 $P_{(B)}$，则其中获得 $EU(A)$ 的概率为 $(1 - P_{(B)})$，且获得自然回报的概率为 $(1-1/300)$。因此，安全行为的预期收益 U 为经济收益和自然收益之和。

$$U = [1 - P_{(B)}] * (BU + PU) + (1 - 1/300) * (SX + SJ) \qquad (5-6)$$

（3）矿工不安全行为决策分析

在矿工"理性"人假设基础上建立矿工的不安全行为收益-成本经济学模型，NR 为不安全行为净收益：

$$NR = \{[1 - P_{(B)}] * (BU + PU) + (1 - 1/300) * (SX + SJ)\} -$$
$$(1 - 1/300) * (FG + WY) + P_{(B)} * (IC + OC + PC) \qquad (5-7)$$

根据期望效用理论，预期收益即为所获得的效用。总体来看，矿工只有在预期利益大于不安全行为成本时，才会决定实施不安全行为。即预期的收益越少，实施不安全行为的可能性就越小；预期成本越大，实施不安全行为的可能性也就越小。矿工在做出行为决策时，如果预期收益一定，预期成本越大，实施不安全行为也就越"不合算"；如果惩罚成本一定，监察力度越大，那么不安全行为的实施频率就越小；如果监察力度一定，惩罚成本越高，相应的不安全行为也就越少，如图 5-1 所示。

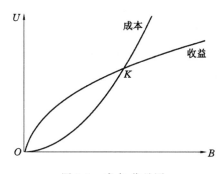

图 5-1　成本-收益图

行为安全理论也表明，个体旳行为选择过程正是个体对不同行为收益的判断过程，因此，矿井作业人员的行为选择取决于不安全行为选择效价（utility）和成本（cost）的差异：当行为效价（U）大于行为成本（C）时矿井作业人员趋向于选择安全行为，相反地，矿井作业人员会趋向于选择不安全行为。

5.1.2　前景理论下矿工行为决策模型

矿工的不安全行为是一种在不确定条件下的风险决策行为，矿工不可能像主流经济学假设的理性人一样能正确无误地运用科学和信息进行判断，从而做出准确的决策。而风险决策行为往往偏离了期望理论所预计的结果，其不确定性效应是造成这种结果的主要原因。所以说，主流经济学不足以对矿工不安全行为决策做出分析与预测，行为经济学的前景理论恰恰解决了这一问题，修正了传统经济学的缺陷。

（1）决策权重函数分析

决策权重函数是矿工根据得到不安全行为净收益 NR 的概率 P 做出的某种主观判断，与概率相关，但不等于概率，也就不遵守概率论的准则，而是赋予概率的权重。影响矿工决策权重的影响因素很多，主要有利益驱使、操作规程、知识技能、安全任务、群体绩效、侥幸心理、从众心理、环境因素、身体素质、情感因素以及其他因素等。所以要把矿工的决策权重看作为不安全行为净收益概率与该收益发生的心理概率内积的权重。从总体来说决策权重函数单调递增，在 0 和 1 处不连续。对于较小的概率，它赋予了过大的权重，而对于较大的概率，它的权重很小。如图 5-2 所示。

（2）价值函数分析

价值函数是以不安全行为效益值的变化量（增收益）为自变量，不是一个绝对价值量，这一性质与矿工的认知与判断的准则是一致的。例如对于同一项操作工序,由于矿工的操作技能、知识水平以及心理素质的不同,造成了他们对预期效益值的估算不同,其效益变化量也就不尽相同。当然,这并不意味着其初始值不重要,反而应当注意参照点的安全行为收益值和从参照点出发的正负变化。总体来说,价值函数在盈利时是凹函数,而在亏损时是凸函数。研究发现,矿工的心理反应是收益变化的凹函数,且损失的敏感程度要大于盈利的敏感程度。其函数变化如图5-3所示。

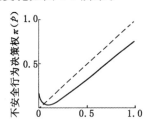

图 5-2 安全检查权重

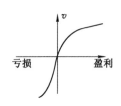

图 5-3 价值函数

(3) 矿工行为决策模式研究

建立基于行为经济学的矿工不安全行为决策模型:

$$EV = \pi(p) \times \nu(\Delta NR) \tag{5-8}$$

$$\Delta NR = NR - U \tag{5-9}$$

式中 EV——矿工采取不安全行为的预期总价值;

　　　π——决策权重函数,跟监察力度 p 有关,反映 p 对整个预期价值的影响,用 $\pi(p)$ 表示;

　　　ν——价值函数,ΔNR 为不安全行为净收益 NR 与安全行为收益 U 之差,安全行为收益 U 作为价值函数的参照点,那么实施不安全行为的客观价值用 $\nu(\Delta NR)$ 来表示。

根据前景理论有关决策过程的分析,可将矿工不安全行为的决策过程分为前后相继的两个阶段:第一阶段是"编辑"阶段,矿工在接到作业任务以后,通过对经济期望利益以及作业环境和心理状态等相关信息的收集整理,然后经过心理加工及统筹计算,最终估算出行为价值与行为权重;第二阶段是"评价"阶段,矿工根据估算值计算出决策前景值,然后进行评价,如果达到满意度,则做出相应的行为决策,实施相应行为,如图5-4所示。

5.1.3　小结

期望效应理论是建立在矿工完全"理性"基础之上的,只是把矿工视为单纯追求个人利益最大化的利益者,以至于把矿工的"理性"等同于严格的精密计算,即矿工通过收益-成本分析,经过精密的计算和仔细权衡,对可供利用的现实目标手段进行最优化的选择,是一种狭隘与片面的认识。但煤矿井下工作面环境

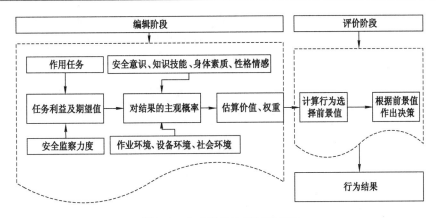

图 5-4　矿工行为决策过程模型

恶劣、作业空间狭小、设施设备繁多、地质条件复杂等特点决定了不能以完全"理性"人的视角看待矿工的不安全行为,主流经济学模型已不足以完全适用于矿工的不安全行为决策过程。因此,通过前景理论建立的新决策模型修正了主流经济学关于矿工的理性、自利、利益最大化等假设的不足,对矿工不安全行为决策更具解释力和说服力,也为煤矿干预和改变矿工行为决策过程,制定控制矿工不安全行为方法提供决策支持与理论依据。

　　虽然前景理论下建立的模型弥补了期望理论模型中的不足,但因其决策权重函数 π 受多方面影响,未能详细阐述矿工不安全行为产生机理。因此要对这多方面因素进行深入研究,将其分为若干主体,通过对主体利益间研究分析矿工不安全行为产生的经济原因。

5.2　矿工不安全行为多主体利益的复杂适应系统模型

　　矿工违章行为的形成和发生是一种复杂自适应现象,基于本质安全人理念,其演化过程可以看作矿工依据当前行为所获得的心理效应及安全程度不断调整自己的未来行为取向,其实质是一定环境条件下,促使矿工违章行为形成的各影响因素状态的不断变化。因此,矿工违章行为演化系统是一种典型的复杂适应系统(complex adaptive system,CAS)。

　　根据 CAS 的方法和技术,以矿工为中心,以其不安全行为经济为主线,建立以矿工(工人)、管理者(队长)、群体(班组)、组织(煤矿)为主体的矿工不安全行为经济运行多主体的复杂适应系统模型,分析其中资金流、管理流的情况,研究各主体之间怎样协同作用以达成有机组合的功能。

5.2.1　模型结构

　　(1)系统结构

矿工不安全行为经济运行多主体的复杂适应系统模型由主体模型和系统运行环境模型两个部分构成(图 5-5)。其中,主体模型主要包括主体构成、主体行为和主体关系;运行环境模型主要包括宏观环境、煤矿工作环境以及家庭环境。

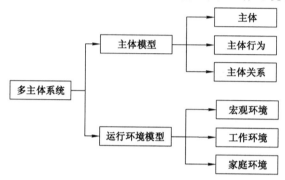

图 5-5　矿工不安全行为经济运行多主体模型结构

（2）主体模型

主体构成分为主体和子主体两个层次,从矿工不安全行为经济活动所涉及环节和个体来构建,包括矿工、管理者、群体和组织(图 5-6)。主体行为主要包括生产行为、监督行为、学习行为、激励行为等。从行为规则关系,资源、行为、信息流,经济行为非线性关系,专业信息状态四个方面构建主体之间的关系模型。

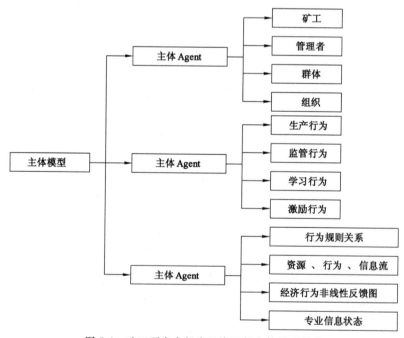

图 5-6　矿工不安全行为经济运行主体模型结构

（3）运行环境模型

主体运行环境模型从宏观的社会、经济、科技环境，中观的煤矿内部环境以及微观的矿工个人家庭环境三个层次来构建（图 5-7）。

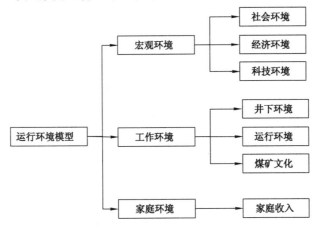

图 5-7　煤矿经济运行环境模型

煤矿工作环境对矿工行为直接影响的因素，既包括光线、噪声、空气、生产空间大小等实体性因素，也包括组织内部的规章制度、规则、政策等制度性因素和人际关系等。煤矿工作环境包括井下环境、运行机制和文化因素等。

除了宏观环境和煤矿内部环境以外，家庭环境对矿工不安全行为也存在一定影响，主要表现在家庭经济收入。

5.2.2　模型构建

（1）主体 Agent 描述

根据 ABMS 理论，采用自底到顶的建模方法，抽象出 4 种与矿工不安全行为产生相关利益的主体，分别为组织 Agent、管理者 Agent、群体 Agent、矿工 Agent。其中，每类 Agent 包含多个行为个体，每个个体均有自身属性和行为规则，且个体能够与环境实现信息交换，个体与个体之间能够相互协调，最终展现出行为的整体性变化，如图 5-8 所示。

① 矿工 Agent

矿工是指矿山上班的工人，包括各种矿山工种的工人的总称，包括从事井下工作任务的技术和体力劳动工人。本书研究的煤矿工人指一线生产者，其安全行为的与否直接影响是否能安全生产。

② 管理者 Agent

管理者是通过做出决策、分配资源、指导别人的活动从而实现工作目标。本书管理者指代班组负责人及安检员，其主要是对矿工生产行为进行监督和指导，

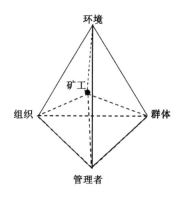

图 5-8　主体关系图

与其个人利益相关的主体。

③ 组织 Agent

组织就是指为实现一定的目标,互相协作结合而成的集体或团体。本书组织指代煤矿企业高层领导,是对煤矿安全资金投入及安全绩效和奖惩制度拟定做决策的人,能对矿工及管理者从利益上进行约束。

④ 群体 Agent

群体常用来指有共同价值观,因有共同地域关系而有社会凝聚力的一群人。煤矿工人有一个共同的问题或利益,为了达到同一目标,而一起工作的项目,进而形成群体。群体具有两大功能:一是群体对组织的功能,会影响安全生产活动;二是群体对个人的功能,一方面可以模仿学习他人行为,另一方面可以影响改变他人行为。本书以矿工行为为研究对象,而矿工生产工作为群体性,其行为会相互影响,故除考虑主体矿工,还要考虑其他矿工即群体主体,其中群体包含工作氛围、价值观等因素。

(2)行为运行环境

矿工不安全行为经济决策,是众多利益主体之间相互作用以及与环境进行交互作用产生的结果。主体通过运行环境获得决策的信息,通过监督行为、经营行为等改变运行环境;运行环境对主体的决策产生影响,进而对主体的行为产生影响和约束。

① 社会环境

在国家改革的大背景下,我国煤矿企业领域进行了体制改革,并相继出台了安全发展补助政策、改革安全监督体制等政策文件,全面推开煤矿企业改革。但这一系列改革,不可避免地触及了煤矿企业的利益格局,会对利益主体关系和行为产生影响。国家对煤矿企业的管理制度,对其影响则是直接和主动的。在此只重点分析国家在煤矿企业制定的政策制度对矿工不安全行为的影响。

②　经济环境

当下,煤矿行业经济环境低迷,加速了社会利益的分化和利益结构的多元化,人们逐步地形成了各种不同的利益群体或者利益集团。一方面,煤矿市场主体是法人实体和竞争主体,是利益和责任的直接承担者,是独立的产权主体和利益主体,其受市场竞争强度影响。另一方面,随着我国宏观经济持续、稳定、快速增长,矿工经济收入和生活质量逐步提高,安全意识增强。

③　科技环境

煤矿安全生产技术属于应用科学,没有技术、方法、手段的革新和应用,就不可能有安全发展的提高。当今新技术革命的浪潮正在冲击煤矿生产这块阵地,大量新技术、新材料和新方法被引入。经济、科学技术的发展促进了安全设备技术的发展,进而促进了矿工的安全行为,其中一个重要指标就表现在煤矿安全生产设备改进后安全生产时长也不断增加。由此,煤矿安全生产效益提高,同时增加安全投入方面资金,加强安全设备,但也导致资金缺口增加,整体形成一个正反馈环(图 5-9)。

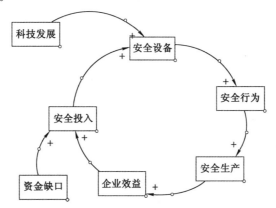

图 5-9　经济和科技发展对矿工行为影响的正反馈环

④　工作环境

矿工井下工作环境恶劣,而对矿工行为主体会产生影响的主要表现为工作活动中危险提示水平、环境舒适水平及机器设备的先进性水平等。井下工作环境为客观存在,很难完全改变,主要依靠煤矿组织在设备方面的安全投入进行改善和缓和。其中作业环境舒适度,环境物化程度,设备安全性水平等会对矿工不安全行为的产生有所影响。

⑤　运行机制

煤矿组织结构决定煤矿运行机制。煤矿内部运行机制主要包括组织机制、决策机制、人事机制、分配机制、经营机制、考核评价机制、激励机制、监督约束机制、危机预警机制等。而以上煤矿组织运行机制对矿工直接相关的有考评机制、激励机制和监督约束机制,这些机制会对矿工收益产生影响,进而影响矿工行为决策。

⑥ 煤矿文化

煤矿企业文化既包括煤矿环境、安全技术水平和煤矿效益等物质文化,也包括煤矿在发展过程中逐渐形成的具有本煤矿特色的文化理论、价值观念、生活方式和行为准则等精神文化。

⑦ 家庭经济

矿工个人家庭环境主要是指家庭的经济基础是否良好,家庭生活是否有沉重压力。矿工挣钱其主要目的是提高家庭幸福指数,增强家庭保障。而家庭经济基础薄弱,或者家庭负担沉重会导致矿工工作分心以及盲目追求高收益,忽视安全生产。故家庭经济对矿工行为有着潜移默化的作用。

(3) 主体行为

行为是主体与其他主体和环境进行交互的过程,是响应其环境条件、内部状态和其他驱动事件的活动的集合。矿工不安全行为的经济运行主要是围绕着生产活动进行的,主要有生产行为、监督行为、学习行为和激励行为。其中,群体不仅具有学习行为,也具有监督行为。当群体认为学习模仿行为获得的收益小于为此付出的成本时,可能会保持原有行为,也可能会阻碍被学习者的行为,即产生监督行为,在现实安全生产中表现为工友对不安全行为的制止。下面分别描述各个主体的主要行为:

① 生产行为

矿工在进行生产行为的过程中,随着工作展开,其工作压力加上井下恶劣的环境会引发身心状态不良,从而工作倦怠水平不断增加,而矿工则会趋向一种"轻松"的行为,进一步获得心理或身体的满足感。如果趋向这种不安全行为获得的收益或者满足感大于安全行为的收益,则易引发不安全行为。与此同时,矿工在决策该行为时也会受安全知识水平、安全动机水平、受教育程度等因素影响,如果安全意识低下,同样会引发不安全行为产生,如图 5-10 所示。

② 监督行为

管理者主要是对矿井作业人员的行为进行监管,其行为也受"理性经济人"影响。管理者在进行监管行为的过程中,会依照相关条例对不安全行为的矿工进行处罚,从而个人也会获得一定奖励。然而,实际生产过程中,由于矿工与管理者有频繁的接触及信息交互关系,而矿工为避免受到处罚,可能会采取贿赂管理者的行为,使其受贿产生的收益不小于得到的奖励,从而是管理者表现为不监管。总之,当管理者监管的收益小于监管成本时,就会产生矿工不安全行为,如图 5-11 所示。

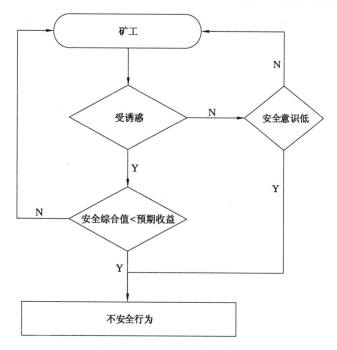

图 5-10　矿工不安全行为流程

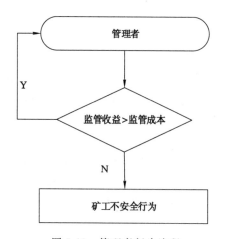

图 5-11　管理者行为流程

③ 学习行为

矿工在煤矿日常生产生活中存在大量接触,并因此而形成一个包含较多小群体的社会网络。在这个社会网络里,矿工之间进行着各种信息沟通和传递,并影响彼此间的行为,一旦某种行为可以给自身带来收益,在一定条件下,其他矿工就会模仿和学习这种行为。而这种社会网络中,矿工不安全行为一旦产生,有可能会出现两种极端结果：a. 被学习和模仿，使得不安全行为进一步累积和叠加，最终诱发事故；b. 被有效遏制，使得矿工原有行为被改变。无论哪一种情况，随着时间推移，矿工行为逐渐从众，使群体凝聚力增强。以上可以看出，群体行为决策的关键在于模仿行为的收益与预计成本的大小，当收益大于成本时，就会引发不安全行为；反之，不安全行为将被群体有效遏制，如图 5-12 所示。

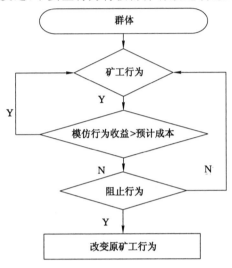

图 5-12　群体行为流程

④ 激励行为

如前分析，矿工选择实施安全行为或不安全行为受到成本收益分析的影响，而能直接对成本收益产生影响的主要有收入水平、奖惩条例等，此外也受到安全惩罚制度的力度、安全监察员的人数、作业环境舒适水平等因素的影响。而以上所述因素，关键在于组织是否进行积极有效的激励行为。煤矿组织在保证必要的安全生产条件下，追求利益最大化，如果积极投入未能带来较高的收益，组织会减少至法定投入。而减少资金和技术投入，可能会降低环境中作业舒适水平和安全奖励，从而会增多产生矿工不安全行为的趋势，如图 5-13 所示。

（4）主体关系

① 行为规则

主体的行为规则是决定主体之间，以及主体与环境之间进行相互影响的关键所在，是一个主体对其他主体或环境的变化作出响应的准则。主体的行为规则会随着时间和环境等因素的变化而变化，这种状况是由于主体的学习行为而发生的。每个主体都有自己的行为规则。因此，识别主体的行为规则以及这些行为规则的演化发展模式，对于矿工不安全行为经济决策的研究有重要的意义。图 5-14 为矿工不安全行为经济主体行为关系图。

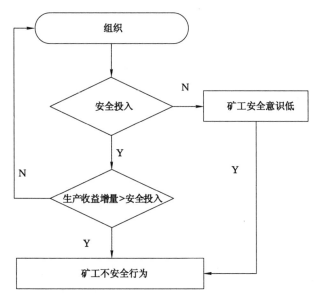

图 5-13　组织行为流程

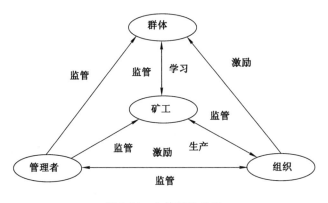

图 5-14　主体行为关系

② 资源、行为、信息流

矿工不安全行为的产生,随着煤矿生产活动的进行,各个主体之间存在着物资、资金的流动,也存在着管理、技术、信息的流动。其中,物流和资金流二者具有不可逆性,信息流虽然具有双向性,但是在信息流的双向流动过程中,信息的质和量出现了不同程度的歪曲,降低了系统的功效,加大了运行管理的难度,如图 5-15 所示。

③ 信息分布

在矿工不安全行为中,信息的分布是不对称的,表现在煤矿组织一方掌握奖惩考核机制,处于信息优势地位,而与之相关联的矿工、群体、管理者等处于相对

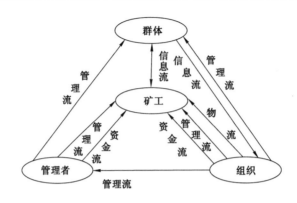

图 5-15　主体之间系统流

的专业信息弱势地位；管理者对矿工行为可以进行干预，并依照相关规章制度对其行为进行奖惩，而矿工对管理者行为的干预相对有限；矿工工作形式为班组制，易受群体氛围影响，而个人对群体整体影响效用小。而正是以上信息发布的不对称，导致多主体间产生机会主义、逆向选择等问题，如图 5-16 所示。

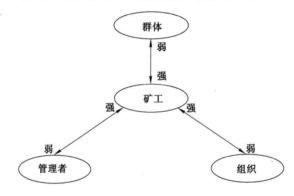

图 5-16　主体信息状态

5.2.3　主体的利益冲突

（1）主体利益需求分析

矿工不安全行为的产生涉及多方复杂的利益关系，现主要研究组织、矿工个体、管理者和群体四方利益主体之间对不安全行为产生的影响。组织、矿工、管理者和群体四方在不安全行为产生的过程中，各自扮演自己的角色，但之间有存在极其紧密的关系。因此，四个利益主体都要获得最大利益化，但是因为其具有有限理性，只能主观地根据其他主体的策略，选择可能使自身利益占优的策略组合。对于不安全行为产生中的四个利益主体的详细分析如下：

① 组织主体利益需求

组织作为煤矿企业高层管理者,在保证必要的安全生产的条件下,尽可能追求利益最大化。组织为了保证安全生产,需要依照国家条例提取一定比例的安全资金,并用于安全设备、作业环境、安全培训、安全文化建设等方面的投入。然而,如果在加大安全资金的投入的同时安全效益并没有提升,会导致煤矿净收益减少,从而煤矿组织不会积极加大安全投入。当安全投入减少,安全培训及作业环境等水平会下降,间接导致矿工的潜在收益减少,会引发矿工不安全行为产生。由此可见,组织主体在追求利益最大化的过程中,难免会影响其他主体的相关收益。此外,组织的利益需求除了受安全投入方面影响,也会受制定的相关奖惩制度影响。当在安全投入一定的情况下,矿工安全生产作业会得到一定的奖励,进而减少组织的净收入;而当矿工存在较多不安全行为时,或者"过度"监管,均会增加罚款数额,从而间接增加了额外的收益,提高了组织的收益。

② 矿工主体利益需求

矿工作为煤矿生产的一线作业人员,通过辛苦的体力劳动获得一定的收益。然而在工作过程中,工作压力、任务量以及工作环境等因素会对矿工的身心产生一定影响,会使感到疲倦,渴望以"偷懒"的工作状态获得原有收益。从而满足矿工在获得原有物质收益的基础上,再获得一定的精神满足。可是,矿工在精神上的利益需求与监管行为产生冲突,为了保证原有的物质收益,矿工会选择受贿的方式,尽可能使利益最大化。

③ 管理者主体利益需求

为保证煤矿安全生产的要求,落实组织下达的相关文件制度,管理者需要履行监管行为。监管者在监管过程中,除了想获得应有的工资外,还想通过处罚矿工不安全行为获得组织上的奖励。然而,在实际工作中,由于监管者与矿工频繁接触,监管者面对"熟人"会不尽职履行监管职责,从而留下"好人缘"的潜在收益。此外,也会事前或者事中收取矿工的好处,不进行监管或者不上报相关违例行为。

④ 群体主体利益需求

群体主体具有一定的特殊性,其行为可表现为学习模仿行为和监管行为(即反向模仿行为)。群体在追求整体利益最大化时,会考虑组织的安全投入水平,监管力度强弱以及在模仿矿工不安全行为时获得的收益与付出的成本。此外,群体主体与矿工主体不同的一点在于群体具有凝聚力,有一定的价值观和工作氛围,且良好的氛围可以减少矿工不安全行为的产生。

从上可知,各个主体在追求自己利益最大化的同时也会影响其他主体的利益。正是因为各个主体利益不仅仅要依赖自己的行为,也要依赖其他主体的行为,而这种即依赖也排斥的关系导致了主体间的利益冲突,从而产生主体间的利益博弈。

（2）主体利益的博弈行为

矿工不安全行为产生的过程是由多个主体间博弈产生的结果，而这个过程是各因素相互依存、相互制约的动态过程。鉴于此，基于系统动力学相关理论构建系统，将与研究对象有关的因素界定为系统内部要素，并排除无关因素。以矿工不安全行为形成机制模型为依托，揭示矿工不安全行为的演化机理。因而，由上研究将矿工不安全行为演化系统分为矿工个体、管理者、组织和群体四个层面的变量。

① 系统边界

由前期文献综述研究的知识图谱图 1-2 可以发现，除了高频关键词不安全行为及与其紧密相连的矿工、煤矿、违章行为及对策以外，还需有许多涉及矿工工作时的倦怠、疲劳、压力，或者奖惩制度、安全培训、安全激励等，这些因素通过对矿工成本收益决策的过程中产生影响，从而导致矿工不安全行为。现将众多因素按矿工、管理者、组织和群体四个层面进行选取，与该四个主体相关的因素变量表述如下。

a. 个体层面要素：矿工知觉到的工作压力及由此产生的工作倦怠，工作压力包括工作负荷、职业风险和安全冲突。煤矿企业为了收益的巨大化，在长期的生产工作中不断提升产量要求，导致矿工工作压力不断上涨，从而产生了倦怠的态度，影响了其安全心理导致了矿工不安全行为。

b. 群体层面要素：示范性规范，即矿工见到或听说到的周围工友及管理者采取的反生产行为，尤其是未引起安全事故和受到相应惩罚的示范行为。矿工工作形式以班组为单位，期间有大量的行为接触，从而产生各种行为信息沟通和传递，并影响彼此间的行为。当某种行为可以带来收益，在一定条件下，其他矿工就会模仿和学习这种行为；反之，具有被惩罚效应的行为就会无人模仿。

c. 管理者层面因素：安全领导行为，包括管理者监管行为和激励行为。管理者的行为主要体现在对矿工行为的态度，通过依照相关奖惩条例对不安全行为的矿工进行处罚或者对安全生产的矿工进行激励，从而达到煤矿安全生产的目标。

d. 组织层面因素：安全氛围，包括安全文化建设、安全培训、安全参与和安全沟通。组织对矿工行为利益的影响主要体现在硬件和软件上。组织积极的安全投入，不光可以引进先进设备，改善工作环境，提高劳动效率，也可以以安全培训等方式提高矿工安全意识，减少矿工不安全行为的产生。

② 系统因果关系图

组织、矿工、管理者和群体在安全生产中扮演着不同角色，都要根据自身利益角度，调整自身的策略，使自己的收益达到最优状态。基于通过对各个主体的利益需求分析及相关变量之间的相互关系分析，结合系统动力学反馈原理，采用

Vensim Ple 软件绘制矿工不安全行为演化的因果关系回路图,如图 5-17 所示。

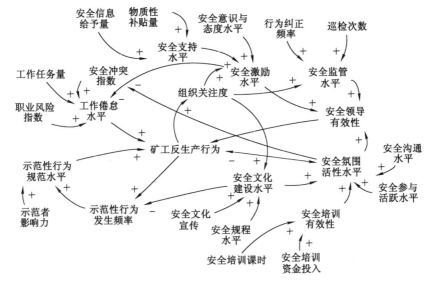

图 5-17 矿工不安全行为演化过程因果关系回路图

该系统共存在 4 个子系统和 7 条因果关系回路,见表 5-1。4 个子系统分别为:"工作压力—工作倦怠—不安全行为"子系统(矿工主体)、"示范性规范—不安全行为"子系统(群体主体)、"安全领导—不安全行为"子系统(管理者主体)和"安全氛围—不安全行为"子系统(组织主体)。4 个子系统并非独立存在,而是相互制约、相互联系,共同作用于不安全行为。

表 5-1 **矿工不安全行为因果关系说明**

子系统	因果关系回路
矿工主体	① 工作倦怠水平↑→不安全行为↑→组织关注度↑→安全文化建设水平↑→安全氛围活性水平↑→安全冲突指数↓→工作倦怠水平↓
群体主体	② 示范性规范水平↑→不安全行为↑→示范性行为发生频率↑→示范性规范水平↑
管理者主体	③ 安全监管水平↑→示范性行为发生频率↑→示范性规范水平↑→不安全行为活跃度↑→组织关注度↑→安全监管水平↑
管理者主体	④ 安全领导有效性水平↑→不安全行为活跃度↓→组织关注度↓→安全文化建设水平↓→安全氛围活性指数↓→安全领导有效性水平↓
管理者主体	⑤ 安全监管水平↑→安全领导有效性水平↑→不安全行为↓→组织关注度↓→安全监管水平↓

子系统	因果关系回路
管理者主体	⑥ 安全激励水平↑→安全领导有效性水平↑→不安全行为活跃度↓→组织关注度↓→安全激励水平↓
组织主体	⑦ 安全氛围活性指数↑→不安全行为活跃度↓→组织关注度↓→安全文化建设水平↓→安全氛围活性指数↓

由表 5-1 可知,系统中①和②反馈回路表明,当领导行为和企业安全氛围保持不变时,矿工不安全行为活跃度随矿工工作倦怠水平及煤矿企业内示范性规范水平增加而上升。回路③揭示了安全监管力度与矿工所在群体的示范性规范间的关系,表明增加安全监管力度能有效抑制群体内矿工不安全行为示范水平,减少被模仿者数量,阻止个体不安全行为的形成与加剧。回路④揭示了安全领导、安全氛围与矿工不安全行为三者之间的关系,回路⑤、⑥和⑦分别揭示了安全监管、安全激励和安全氛围与不安全行为的关系。回路④—⑦表明,提升安全领导有效性水平和安全氛围活性水平时,矿工不安全行为形成与扩散受到抑制;安全氛围通过影响示范性规范、安全冲突和安全领导抑制不安全行为形成与扩散,安全领导行为亦能通过降低示范性行为发生频率降低不安全行为活跃度。

由以上 7 条因果关系回路不难发现,矿工不安全行为决策过程,不仅依赖于自己的行为,也依赖于其他主体的行为。而矿工不安全行为的选择是利益相关者博弈的结果。

5.2.4 小结

矿工不安全行为受成本收益影响,而能影响矿工不安全行为成本和收益的因素很多,主要分为四个主体:矿工、组织、管理者和群体。但各个主体也有着自己的利益需求,也希望通过各自的行为产生最大化的收益。然而,各个主体在运行环境下的行为相互存在促进或抑制的关系,进一步导致各个主体间利益存在冲突,从而产生多方博弈。

5.3 矿工不安全行为多主体利益博弈分析

由于群体主体的特殊性,整个矿工不安全行为多主体博弈可以划分为两个大的阶段,一是发生在组织、矿工和管理者之间;二是在前者基础上,增加群体主体,形成四方博弈,并分别探讨其纳什均衡解。

5.3.1 群体主体的特殊性

(1) 群体行为的多面性

为了体现矿工与矿工间的博弈分析,在本书中,群体视为某一单个矿工以外的矿工的集合。其行为主要是安全生产,但此外具有学习模仿行为及监督行为。

当某一矿工进行不安全行为时,其他矿工会对该矿工已做不安全行为进行成本收益分析,若学习模仿成本小于预期收益,群体中矿工就会模仿,进而形成不安全行为,增加了生产的不安全性,甚至产生不安全行为模仿的循环。

反之,如果其他矿工认为不模仿该行为带来的收益更大,就会对该矿工不安全行为表示阻止,就会形成类似管理者的监管行为,阻止该矿工不安全行为的继续。而矿工不模仿不安全行为其主要原因是与原矿工的成本收益产生不同,一方面受安全意识等影响,对不安全行为带来的收益认知有偏差;另一方面,监管或举报不安全行为,会获得一部分奖励。

除此之外,群体中的矿工有可能表现为"无视"该矿工不安全行为,即"事不关己高高挂起"的状态。其行为既不是模仿行为,也不是监督行为,对原有矿工行为无影响。

(2) 群体行为异化博弈主体

正是由于群体行为的多面性,从而异化了博弈主体。通过上文对群体行为的分析,可以得到群体主体在进行不同行为时会跟其他主体行为有一定冲突。如当群体行为是学习模仿矿工不安全行为时,其主体行为表现与矿工主体行为表现一致,其成本收益分析与矿工主体相似;当群体行为是监管行为时,其主体行为表现与管理者行为表现一致,其成本收益分析与管理者主体有一定相同之处;当群体行为表示为"无视"时,即群体对矿工行为无影响,此时为组织、矿工、管理者的三方博弈。

群体行为的多面性异化了博弈主体,因此本章节先对群体行为为"无视"的状态进行三方博弈分析,再在此基础上,充分考虑群体行为的多面性,进行四方博弈分析,并分别探讨其纳什均衡解。

5.3.2 三方主体博弈分析(无群体主体)

矿工不安全行为的产生受管理制度、工作环境、监管水平等多个方面影响,简单地从某一个方面解决矿工不安全行为都有失偏颇,造成一定的片面性。要想解决矿工不安全行为,需要影响矿工行为的所有利益主体同心协力,涉及的各个利益主体必须被充分且合理地考虑。本章将三方参与主体放在同一个博弈模型中,基于成本收益理论研究涉及矿工行为决策的三方利益主体(组织-矿工-管理者)的博弈问题。

(1) 三方主体下的模型假设及参数设置

为了便于更清楚地进行三方博弈模型的分析,对三方主体的成本收益做如下假设。

① 组织

组织主体作为煤矿企业的高层管理者,追求自身利益最大化。生产收入的增加可以提高净收益,增加安全投入和改善生产环境。若组织通过奖惩机制及安全绩效考核等方面积极激励矿工的安全生产行为,则付出的激励成本为 c_1,进而企业安全生产提高,生产收入为 r_1;若组织不积极激励矿工的安全行为,仅依照国家要求最低标准进行安全投入及激励,虽然组织减少了成本的支出,但也导致矿工安全生产的积极性下降,进而引发矿工不安全行为,对煤矿企业的生产收入 r_2 有一定影响,而按照国家最低标准的安全投入及激励成本为 c_2。其中,组织选择激励策略的概率为 x,选择不激励策略的概率为 $1-x,x\in[0,1]$。

② 矿工

矿工是理性人,即他们的行为决策会选择自己收益最大的策略。矿工选择安全作业行为能够额外(不考虑基本工资,下同)获取的收益为安全绩效 t_1,安全奖励,其中安全奖励分为组织积极激励下的 t_2 和普通激励下的 t_3。矿工选择安全行为要付出更多的精力和时间,其成本为 c_3。

而矿工选择不安全行为的目的就是为了得到更多的精力和时间做其他工作,以此可以获得较多的收益 t_4,主要有 3 部分构成:经济收益,即可通过不安全行为,加快工作进度,提高工作量,获得更多的报酬;生理收益,有减轻作业强度、获得自我满足感;时间收益,减少达到目的的时间。虽然矿工进行不安全行为收益较多,但仍要付出一定的精力和时间用于生产,其不安全行为成本为 c_4。除此之外,当安全管理者发现不安全行为后,对发生不安全行为的相关责任者执行"干预",即依据相应的奖惩制度对不安全行为的进行罚款 c_5,同时记录矿工不安全行为内容,导致矿工安全绩效减少为 t_5,而对应的安全奖励也会取消。当然,在实际生产过程中,矿工为了不损失那么多收益,会考虑到对管理者"行贿" c_6,从而减少收益损失。其中,矿工选择安全行为的概率为 y,选择不安全行为的概率为 $1-y,y\in[0,1]$。

③ 管理者

安全管理者在日常监管时要付出一定的时间和精力 c_7,而严格的监管获得的收益除了有安全绩效 s_3,还会有通过对矿工不安全行为进行处罚获得的收益 s_1。如果监管到位,矿工无不安全行为,通过组织的定期考核,还会有安全奖励,其中安全奖励分为组织积极激励下的 s_5 和普通激励下的 s_6。当管理者不进行有效的监管时,有两种情况:确定矿工进行的安全行为或者不想进行监管干预,此时不监管行为的成本为 0;此外,如果已经进行了"受贿"行为,也会表现为不监管,此时还会获得"受贿"收益 s_2。而监管者不作为时的安全绩效会减少为 s_4。其中,管理者选择干预的概率为 z,选择不干预的概率为 $1-z,z\in[0,1]$。

根据以上变量假设以及变量间关系,采用 Gvedit 作图软件构建矿工不安全行为决策过程中利益群体的博弈树模型,如图 5-18 所示。U_i 表示第 i 个利益主体的行动策略收益,其中 $i=R,T,S$;向量 $A=(a_r,a_t,a_s)$ 表示三个利益主体的策略选择,其中 $A_i = \{a_i\}$ 表示第 i 个参与主体的所有策略。

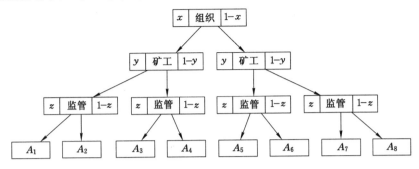

图 5-18 三方利益主体博弈树模型

根据博弈树分析得出在三方演化博弈模型中,存在以下八种博弈策略组合:

$$A_1 = \{r_1, t_1, s_1\} = \{激励, 安全行为, 监管\}$$
$$A_2 = \{r_1, t_1, s_2\} = \{激励, 安全行为, 不监管\}$$
$$A_3 = \{r_1, t_2, s_1\} = \{激励, 不安全行为, 监管\}$$
$$A_4 = \{r_1, t_2, s_2\} = \{激励, 不安全行为, 不监管\}$$
$$A_5 = \{r_2, t_1, s_1\} = \{不激励, 安全行为, 监管\}$$
$$A_6 = \{r_2, t_1, s_2\} = \{不激励, 安全行为, 不监管\}$$
$$A_7 = \{r_2, t_2, s_1\} = \{不激励, 不安全行为, 监管\}$$
$$A_8 = \{r_2, t_2, s_2\} = \{不激励, 不安全行为, 不监管\}$$

上述八种利益主体选择策略中,A_1 表示组织积极激励矿工安全行为,矿工选择安全作业行为,管理者进行着监管工作;同理,A_8 表示组织不积极激励矿工安全行为,矿工选择不安全行为,管理者不进行监管工作。

(2) 三方利益主体的收益分析

三方博弈主体根据他们在各自的策略选择状态下的收益,对各自的策略选择进行调整,分析自己该采取何种策略选择,说明如下:

① 组织的策略选择收益分析

组织决策是否积极进行的安全投入,有积极进行安全投入和依法进行安全投入两种策略选择。组织对这两种策略如何选择,要看在每种策略状态下组织的行动策略收益情况,以及组织的经济承受能力,其收益详见表 5-2 中的"组织"。

② 矿工的策略选择收益分析

矿工在日常生产过程中是希望通过安全生产并获得相应收益,然而其工作的特殊性导致其产生不安全行为。矿工在决策安全行为或不安全行为时会考虑相关收益及付出成本。一方面组织对矿工安全生产有一定奖励,管理者对矿工

不安全行为进行处罚,另一方面不安全行为可以获得身心满足,其收益详见表
5-2 中的"矿工"。

③ 管理者的策略选择收益分析

管理者依照组织制定的奖惩条例对矿工是否安全生产进行监管。由于管理
者一方面可以从抓到的违章行为的罚金中获得一定奖励,另一方面矿工对其进
行贿赂得到一定收益,使其监管与否获取的收益变得多样化,其收益详见表 5-2
中的"管理者"。

表 5-2　　　　　　　　　　　　　三方利益主体收益说明

情况	组织	矿工	管理者
A_1	$r_1 - c_1$	$t_1 + t_2 - c_3$	$s_3 + s_5 - c_7$
A_2	$r_1 - c_1$	$t_1 - c_3$	s_3
A_3	$r_1 - c_1 + c_5 - s_1$	$t_4 + t_5 - c_4 - c_5$	$s_1 + s_3 - c_7$
A_4	$r_1 - c_1$	$t_1 + t_4 - c_4 - c_6$	$s_2 + s_4 - c_7$
A_5	$r_2 - c_2$	$t_1 + t_3 - c_3$	$s_3 + s_6 - c_7$
A_6	$r_2 - c_2$	$t_1 - c_3$	s_3
A_7	$r_2 - c_2 + c_5 - s_3$	$t_4 + t_5 - c_4 - c_5$	$s_1 + s_3 - c_7$
A_8	$r_2 - c_2$	$t_1 + t_4 - c_4 - c_6$	$s_2 + s_4 - c_7$

(3) 基于三方模型的演化博弈模型分析

① 组织行为的收益

组织积极投入资金的期望收益为 U_1:
$$U_1 = (r_1 - c_1)yz + (r_1 - c_1)y(1-z) + (r_1 - c_1 + c_5)(1-y)z \\ + (r_1 - c_1)(1-y)(1-z) = r_1 - c_1 + zc_5 - c_5 zy \quad (5-10)$$

选择依法投入资金的期望收益为 U_2:
$$U_2 = (r_2 - c_2)yz + (r_2 - c_2)y(1-z) + (r_2 - c_2 + c_5)(1-y)z \\ + (r_2 - c_2)(1-y)(1-z) = r_2 - c_2 + zc_5 - c_5 zy \quad (5-11)$$

组织的平均收益为 $U_组$:
$$U_组 = xU_1 + (1-x)U_2 \\ = x[(r_1 - c_1) - (r_2 - c_2)] + (r_2 - c_2 + c_5 z - c_5 zy) \quad (5-12)$$

② 矿工行为的收益

矿工安全行为的期望收益为 U_3:
$$U_3 = (t_1 + t_2 - c_3)xz + (t_1 - c_3)x(1-z) + (t_1 + t_3 - c_3)(1-x)z \\ + (t_1 - c_3)(1-x)(1-z) = t_1 - c_3 + t_2 xz - t_3 xz \quad (5-13)$$

矿工不安全行为的期望收益为 U_4:

$$U_4 = (t_4 + t_5 - c_4 - c_5)xz + (t_1 + t_4 - c_4 - c_6)x(1-z)$$
$$+ (t_4 + t_5 - c_4 - c_5)(1-x)z + (t_1 + t_4 - c_4 - c_6)(1-x)(1-z)$$
$$= z(t_5 - t_1 - c_5 + c_6) + (t_1 + t_4 - c_4 - c_6) \tag{5-14}$$

矿工的平均收益为 $U_{矿}$：

$$U_{矿} = yU_3 + (1-y)U_4 = -yc_3 + yt_2xz - yt_3xz - t_5z + t_1 + t_4$$
$$- c_4 - c_6 - tz + c_6z - yt_5z + yc_5z - yt_4 + yc_4 + yc_6$$
$$+ yt_1z - yc_6z \tag{5-15}$$

③ 管理者行为的收益

管理者监管行为的期望收益为 U_5：

$$U_5 = (s_3 + s_5 - c_7)xy + (s_3 + s_1 - c_7)(1-y)x +$$
$$(s_6 + s_3 - c_7)(1-x)y + (s_3 + s_1 - c_7)(1-x)(1-y)$$
$$= s_5xy + s_6y - s_6xy + s_3 + s_1 - c_7 - s_1y \tag{5-16}$$

管理者不监管行为的期望收益为 U_6：

$$U_6 = s_3xy + (s_4 + s_2 - c_7)x(1-y) + s_3(1-x)y$$
$$+ (s_4 + s_2 - c_7)(1-x)(1-y)$$
$$= s_3y - s_4y - s_2y + c_7y + s_2 + s_4 - c_7 \tag{5-17}$$

管理者行为的平均收益为 $U_{管}$：

$$U_{管} = zU_5 + (1-z)U_6 = xy(s_5 - s_6) + s_1 + s_3$$
$$+ y(s_6 - s_1 - s_3 + s_4 + s_2 - c_7) - s_2 - s_4 \tag{5-18}$$

根据马尔萨斯的方法，组织、矿工和管理者随时间演化的复制动态方程分别为：

$$\begin{cases} F_1 = \dfrac{\mathrm{d}x}{\mathrm{d}t} = x(U_1 - U_{组}) = x(1-x)(r_1 - c_1 - r_2 + c_2) \\[2mm] F_2 = \dfrac{\mathrm{d}y}{\mathrm{d}t} = y(U_3 - U_{矿}) = y(1-y)(-c_3 + t_2xz - t_3xz - t_5z \\[1mm] \qquad\qquad + c_5z - t_4 + c_4 + c_6 + t_1z - c_6z) \\[2mm] F_3 = \dfrac{\mathrm{d}z}{\mathrm{d}t} = z(U_5 - U_{管}) = z(1-z)[xy(s_5 - s_6) + s_1 + s_3 \\[1mm] \qquad\qquad + y(s_6 - s_1 - s_3 + s_4 + s_2 - c_7) - s_2 - s_4] \end{cases} \tag{5-19}$$

（4）均衡点分析及稳定性讨论

由三个利益主体的复制动态方程联立，令 $F_1 = 0$、$F_2 = 0$、$F_3 = 0$，即可求得组织、矿工、管理者三者的局部均衡点，即有 9 个构成的局部均衡点 $E_1(1,1,1)$、$E_2(1,1,0)$、$E_3(0,1,1)$、$E_4(0,1,0)$、$E_5(1,0,0)$、$E_6(1,0,1)$、$E_7(0,0,1)$、$E_8(0,0,0)$、$E_9(x^*, y^*, z^*)$。其中，$E_9(x^*, y^*, z^*)$ 是下列方程的解：

$$\begin{cases} r_1 - c_1 - r_2 + c_2 = 0 \\ -c_3 + t_2xz - t_3xz - t_5z + c_5z - t_4 + c_4 + c_6 + t_1z - c_6z = 0 \\ xy(s_5 - s_6) + s_1 + s_3 + y(s_6 - s_1 - s_{3+} s_4 + s_2 - c_7) - s_2 - s_4 = 0 \end{cases}$$
$$\tag{5-20}$$

在多群体演化博弈过程中,复制动态系统的渐进稳定解一定是严格的纳什均衡,因此只需要分析均衡点 E_1 到 E_8。

根据 Friedman 的方法,微分系统中集群均衡点的稳定性可以通过该系统相应的雅可比矩阵的局部稳定分析得到。对 F_1、F_2 和 F_3 关于 x、y 和 z 偏导,得到以下雅可比矩阵 $\mathbf{J}$:

$$\mathbf{J} = \begin{pmatrix} \dfrac{\partial F_1}{\partial x} & \dfrac{\partial F_1}{\partial y} & \dfrac{\partial F_1}{\partial z} \\ \dfrac{\partial F_2}{\partial x} & \dfrac{\partial F_2}{\partial y} & \dfrac{\partial F_2}{\partial z} \\ \dfrac{\partial F_3}{\partial x} & \dfrac{\partial F_3}{\partial y} & \dfrac{\partial F_3}{\partial z} \end{pmatrix} = \begin{pmatrix} B_1 & B_2 & B_3 \\ B_4 & B_5 & B_6 \\ B_7 & B_8 & B_9 \end{pmatrix} \tag{5-21}$$

其中矩阵中 B_1 到 B_9 函数公式见表 5-3。

表 5-3   函数公式说明表

$B_1 = (1-2x)(r_1 - c_1 - r_2 + c_2)$
$B_2 = 0$
$B_3 = 0$
$B_4 = y(1-y)(t_2 z - t_3 z)$
$B_5 = (1-2y)(-c_3 + t_2 xz - t_3 xz - t_5 z + c_5 z - t_4 + c_4 + c_6 + t_1 z - c_6 z)$
$B_6 = y(1-y)(t_2 x - t_3 x - t_5 + c_5 + t_1 - c_6)$
$B_7 = z(1-z)y(s_5 - s_6)$
$B_8 = z(1-z)[x(s_5 - s_6) + (s_6 - s_1 - s_3 + s_4 + s_2 - c_7)]$
$B_9 = (1-2z)[xy(s_5 - s_6) + y(s_6 - s_1 - s_3 + s_4 + s_2 - c_7) + (s_1 + s_3 - s_4 - s_2)]$

① 将点 $E_1(1,1,1)$ 代入式(5-21)的矩阵 $\mathbf{J}$ 中得:

$$\mathbf{J}_1 = \begin{bmatrix} r_2 - r_1 + c_1 - c_2 & 0 & 0 \\ 0 & c_3 - t_2 + t_3 + t_5 - c_5 + t_4 - c_4 - t_1 & 0 \\ 0 & 0 & c_7 - s_5 \end{bmatrix}$$

$$\tag{5-22}$$

命题1:由三方博弈的均衡条件可知,当矩阵 $\mathbf{J}_1$ 对角线上的 $r_2 - r_1 + c_1 - c_2$,$c_3 - t_2 + t_3 + t_5 - c_5 + t_4 - c_4 - t_1$,$c_7 - s_5$ 都是负数时,均衡点 $E_1(1,1,1)$ 是演化稳定策略;当对角线三个式子都是正数时,$E_1(1,1,1)$ 是不稳定点;当对角线三个式子有 1 个或 2 个是正数时,$E_1(1,1,1)$ 是鞍点。

结论1:当组织积极投入资金带来的收益大于依法投入资金带来的收益时,

组织选择积极行为;当矿工进行安全行为时,其获得的净收益大于进行不安全行为时的净收益,矿工选择安全行为;当管理者付出的监管成本小于监管带来的奖励时,管理者选择监管行为。此时,组织、矿工、管理者三方均收益,实现理想的纳什均衡。

② 将点 E_2 (1,1,0)代入式(5-22)的矩阵 $\boldsymbol{J}$ 中得:

$$\boldsymbol{J}_2 = \begin{bmatrix} r_2 - r_1 + c_1 - c_2 & 0 & 0 \\ 0 & c_3 + t_4 - c_4 - c_6 & 0 \\ 0 & 0 & s_5 - c_7 \end{bmatrix} \qquad (5\text{-}23)$$

命题2:只有当 $r_2 - r_1 + c_1 - c_2 < 0, c_3 + t_4 - c_4 - c_6 < 0, s_5 - c_7 < 0$ 时,均衡点 E_3 (1,1,0)才是演化稳定策略。

结论2:当组织积极投入资金带来的收益大于依法投入资金带来的收益时,组织选择积极行为;当矿工进行不安全行为时,其付出的成本在减去带来的心理收益后仍然大于矿工安全行为时付出的成本,矿工选择安全行为;当管理者付出的监管成本大于监管带来的奖励时,管理者选择不监管行为。此时,达到博弈均衡状态。

此均衡状态并不是理想的纳什均衡,原因在于:组织和矿工都获得各自的利益,但监管者并没有从中获益,不利于企业的安全管理,从而削弱集群整体的安全水平。

③ 将点 E_3 (0,1,1)代入式(5-23)的矩阵 $\boldsymbol{J}$ 中得:

$$\boldsymbol{J}_3 = \begin{bmatrix} r_1 - c_1 - r_2 + c_2 & 0 & 0 \\ 0 & c_3 + t_5 - c_5 + t_4 - c_4 - t_1 & 0 \\ 0 & 0 & c_7 - s_6 \end{bmatrix} \qquad (5\text{-}24)$$

命题3:只有当 $r_1 - c_1 - r_2 + c_2 < 0, c_3 + t_5 - c_5 + t_4 - c_4 - t_1 < 0, c_7 - s_6 < 0$ 时,均衡点 E_6 (0,1,1)才是演化稳定策略。

结论3:当组织积极投入资金带来的收益小于依法投入资金带来的收益时,组织选择依法投入行为;当矿工进行安全行为时,其获得的净收益大于进行不安全行为时的净收益,矿工选择安全行为;当管理者付出的监管成本小于监管带来的奖励时,管理者选择监管行为。此时,达到博弈均衡状态。

此时,虽然没有组织的积极投入资金,但矿工和管理者形成了一种相互利益共同体,矿工安全行为和管理者有效的监管会提高各自的安全奖励,同时管理者对矿工安全行为也进行监管作用,大幅提高了企业的安全管理水平。此均衡虽然没有实现三方参与,但不失为最理想的纳什均衡,因为考虑当下背景,对组织而言积极进行安全投入存在一定难度,而没有组织参与的情况,往往更能说明安全生产是矿工和管理者相互协同产生的。

④ 将点 E_4 (0,1,0)代入式(5-24)的矩阵 $\boldsymbol{J}$ 中得:

$$\mathbf{J}_4 = \begin{bmatrix} r_1 - c_1 - r_2 + c_2 & 0 & 0 \\ 0 & c_3 + t_4 - c_4 - c_6 & 0 \\ 0 & 0 & s_6 - c_7 \end{bmatrix} \tag{5-25}$$

命题 4：只有当 $r_1 - c_1 - r_2 + c_2 < 0$，$c_3 + t_4 - c_4 - c_6 < 0$，$s_6 - c_7 < 0$ 时，均衡点 $E_8(0,1,0)$ 才是演化稳定策略。

结论 4：当组织积极投入资金带来的收益小于依法投入资金带来的收益时，组织选择依法投入行为；当矿工进行不安全行为时，其付出的成本在减去带来的心理收益后仍然大于矿工安全行为时付出的成本，矿工选择安全行为；当管理者付出的监管成本大于监管带来的奖励时，管理者选择不监管行为。此时，达到博弈均衡状态。

此均衡状态并不是理想的纳什均衡，原因在于：即使在没有组织积极投入资金，也没有管理者进行监管的情况下，矿工依然选择安全行为。但在群体博弈的渐进稳定过程中，矿工行为选择独自收益，最终脱离组织和管理者，不利于集群长期健康发展。

以上四个矩阵均是在 $y=1$ 的情况下，研究矿工选择安全行为时的稳定策略。由于本书最终目的是避免矿工不安全行为的产生，故对剩下四个矩阵 $y=0$ 的情况进行整体研究，令其对角线函数大于 0，使矿工选择不安全行为的决策属于在不稳定策略。

⑤ 将点 $E_5(1,0,0)$ 代入式（5-25）的矩阵 $\mathbf{J}$ 中得：

$$\mathbf{J}_5 = \begin{bmatrix} r_2 - r_1 + c_1 - c_2 & 0 & 0 \\ 0 & -c_3 - t_4 + c_4 + c_6 & 0 \\ 0 & 0 & s_1 + s_3 - s_4 - s_2 \end{bmatrix} \tag{5-26}$$

⑥ 将点 $E_6(1,0,0)$ 代入式（5-26）的矩阵 $\mathbf{J}$ 中得：

$$J_6 = \begin{bmatrix} r_2 - r_1 + c_1 - c_2 & 0 & 0 \\ 0 & t_1 - c_3 + t_2 - t_3 - t_5 + c_5 - t_4 + c_4 & 0 \\ 0 & 0 & s_2 - s_1 - s_3 + s_4 \end{bmatrix}$$

$$\tag{5-27}$$

⑦ 将点 $E_7(0,0,1)$ 代入式（5-27）的矩阵 $\mathbf{J}$ 中得：

$$\mathbf{J}_7 = \begin{bmatrix} r_1 - c_1 - r_2 + c_2 & 0 & 0 \\ 0 & -c_3 - t_5 + c_5 - t_4 + c_4 + t_1 & 0 \\ 0 & 0 & s_1 + s_3 - s_4 - s_2 \end{bmatrix}$$

$$\tag{5-28}$$

⑧ 将点 $E_8(0,0,0)$ 代入式（5-28）的矩阵 $\mathbf{J}$ 中得：

$$
\boldsymbol{J}_8 = \begin{bmatrix} r_1 - c_1 - r_2 + c_2 & 0 & 0 \\ 0 & -c_3 - t_4 + c_4 + c_6 & 0 \\ 0 & 0 & s_1 + s_3 - s_4 - s_2 \end{bmatrix} \tag{5-29}
$$

由以上研究可以发现,为了使矿工选择不安全行为的决策属于在不稳定策略,要对角线上的函数式均大于 0,即组织、矿工和管理者三方利益主体不能均收益。当矿工选择不安全行为时,要么不安全行为带来的收益大于安全行为带来的收益,要么不安全行为的成本小于安全行为的成本。

5.3.3 四方主体博弈分析(有群体主体)

(1)群体模型假设

四方博弈是除了考虑三方博弈主体,组织、矿工和管理者外,还需要加入新的博弈主体:群体。群体不仅是对除矿工主体以外矿工的集合,也包括群体间的凝聚力、氛围、价值观等。其行为除了具有学习模仿行为,也可以进行监管行为。因此,引入群体主体进行四方博弈对矿工行为的影响重大。

由于,群体的行为是对矿工行为的模仿,或者对矿工行为的抑制均是在矿工行为发生后进行决策,故其处博弈树底部,如图 5-19 所示。

根据博弈树分析得出在四方演化博弈模型中,理论存在 16 种博弈策略组合,然而在本书分析中,将 16 种组合以群体两种极端反向行为进行分析,即群体的学习行为和完全不学习模仿且反向的行为。

为了便于更清楚地进行四方博弈模型的分析,群体主体的成本收益做如下假设(上文假设对本节模型同样适用)。群体模仿矿工产生的成本收益与矿工的收益相同,即群体与组织和管理者之间的博弈行为、成本收益同上文模型相同。

(2)群体参数设置

群体在进行模仿行为时,会根据矿工采取不安全行为被发现的概率,结合自身被发现的概率来调节自身是否实施不安全行为,进而会影响感知到的罚款的力度,影响自身的不安全行为选择概率,从模仿不安全行为净收益为 k_1。

除此之外,矿工在作业过程中,矿工相互之间存在一个相互举报的情况。在存在组内举报的监察方式下,如果矿工自身采取了安全行为,当他发现身边有人采取了不安全行为时,他会举报该不安全行为并获得一定的收益 k_2。在调研中发现,一些矿工不能接受其他人去举报,他们会觉得举报的人是多管闲事,从而会忽视个人的不安全行为状况,该情况也体现了群体在进行监管行为时会"得罪"一部分人,为此付出的成本为 c_8。群体选择学习模仿的概率为 $P,P \in [0,1]$。

(3)群体与矿工之间的博弈

矿工行为决策基于经济利益的考虑,选择安全行为或者不安全行为,而群体则根据矿工行为和管理者行为再进行成本收益判断,选择模仿行为或者不模仿行为,甚至举报行为。假设矿工选择安全行为,其在生产过程中得到的收益和相

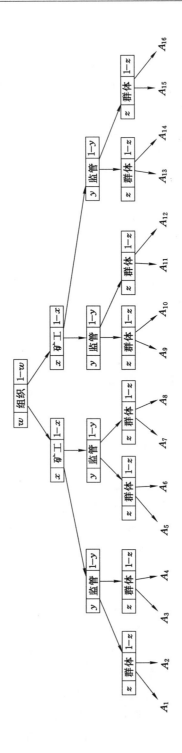

图5-19 四方利益主体博弈树模型

应发生的成本分别用 $T(A)$、$C(A)$ 表示,则此时矿工可以获得的净收益为 $T(A)-C(A)$。由于群体与矿工主体在同等行为下收益一样,即群体模仿矿工安全行为其收益与矿工相同,故 $T(A)=K(A)$、$C(A)=L(A)$,但选择不模仿矿工安全行为,则其成本收益均为 0。如果矿工出于心理利益的考虑,为了提高身心的满足感,选择了不安全行为,此时矿工获得的收益为 $T(B)$,付出的成本为 $C(B)$,群体可以选择模仿其行为,或者举报该行为。假设群体选择模仿该行为获得的报酬和发生的相应成本分别为 $K(B)=T(B)$、$L(B)=C(B)$,不模仿时获得的报酬和发生的成本分别为 $K(C)$、$L(C)$。如果群体安全氛围良好,则当出现矿工不安全行为时,大家会选择制止该行为,相应的收益会比矿工不安全行为的收益高,即 $K(C)>T(B)$。此外,矿工进行不安全行为时付出的成本有被处罚的风险,而群体制止矿工不安行为付出的成本主要为"情感关系",但在氛围良好的群体中,该项成本小于矿工不安全行为付出的成本,即 $C(B)$ 远大于 $L(C)$,因此群体不模仿行为的净收益 $K(C)-L(C)$ 大于矿工选择不安全行为获得的净收益 $T(B)-C(B)$。最终双方的博弈结果见表 5-4。

表 5-4　　　　　　　　　　群体与矿工之间的博弈

	群体模仿行为	群体不模仿行为
矿工安全行为	$T(A)-C(A)$,$K(A)-L(A)$	$T(A)-C(A)$,0
矿工不安全行为	$T(B)-C(B)$,$K(B)-L(B)$	$T(B)-C(B)$,$K(C)-L(C)$

由上述假设以及表 5-3 可以看出,当群体模仿矿工某一行为时,会加强该行为效用,形成两者利益共同体。此外,当群体不模仿矿工不安全行为时,两者相互协调,整体也会促进安全生产,从长期来看也会实现双方共赢。

（4）四方主体的收益分析

本部分以群体行为为切入点,探讨四方主体间的博弈对矿工行为的影响。如果同时考虑群体行为对矿工行为和组织决策以及管理者行为的影响时,那么群体行为对其他各个主体的影响大致可以分为四类:一是群体选择安全行为,可以显著提高企业安全生产水平,对组织和管理者行为有促进作用;二是群体选择不安全行为,降低企业安全生产水平,对组织和管理者行为有抑制作用;三是群体选择监管行为,其行为与管理者监管行为起到的作用相同,但对组织影响一般;四是群体选择不监管行为,对管理者行为和组织行为影响较小。在博弈分析过程中分别用 A、B、C、D 代表上述四种不同影响类型（即使以上四种情况中表现类型有相同部分,但由于四方主体行为有先后顺序,故属于不同影响类型）,相应主体的收益参数设置与前文一致。相关博弈过程见表 5-5。

表 5-5 四方博弈过程分析

情况	博弈过程	
	三方博弈	四方博弈
A	积极,安全,监管	安全,模仿
B	不积极,不安全,不监管	不安全,模仿
C	不积极,不安全,监管	安全,不模仿
D	积极,安全,不监管	不安全,不模仿

由表 5-5 可以看出,类型 A 中,群体模仿矿工安全行为,从而对管理者和组织有促进作用,由于整个过程有群体的良好安全氛围驱动,长期博弈下群体会显著提高企业的安全生产,达到四方主体利益最大化。类型 B 中,群体选择为不安全行为,导致违章事件增多,管理者监管成本增加,组织惩罚收益增多。长此以往,在该情况下,监管者监管行为减少,导致不安全行为愈演愈烈,不能促进企业良好发展。类型 C 中,由于群体选择监管行为,会减轻监管者的成本,减少不安全行为的发生,短期虽会使矿工主体利益受损,但长期发展下会形成高监管态势下的安全生产。类型 D 中,群体选择不监管行为,即"事不关己的态度",此时群体对原有三方博弈结果无影响。

5.3.4 小结

本节通过对多主体间利益冲突产生的博弈进行分析,在考虑到群体主体的特殊性后,将博弈分为三方博弈和四方博弈,并对其模型进行假设及分析。通过研究发现,三方利益群体的动态博弈演化进程中各命题的均衡条件并不是孤立的,而是相互联系的。从博弈论角度,命题 1 是最优均衡,实现了三方利益主体参与;命题 2 和命题 3 不是理想的纳什均衡;而命题 4 虽未实现三方参与,但从现实角度来看是最优均衡,形成矿工和管理者相互协同的良好趋势;而四方博弈则通过加入群体行为对其他主体的影响进行分析,表明在群体良好的安全氛围下,其行为会学习安全行为,举报不安全行为,从而促进组织和管理者主体利益共赢,进而提高了企业安全管理水平。

5.4 数值仿真分析及案例分析

为了更好地对上一章节研究的有效性进行说明,从定量和定性两方面对三方博弈和四方博弈进行验证。由于行为经济学模型构建中涉及的变量有较多的抽象性,很难通过数据收集的方法来验证,但可以通过数值仿真分析和计算机图形显示对理论模型进行分析检验;而案例研究缺乏准确测量,仅通过单一案例研究并不能很好地解释影响。本书决定采用将数值仿真分析与案例分析相结合的方法:先通过数值仿真检验理论分析的正确性,然后选择具有代表性的案例进一步说明理论结论的现实意义。

5.4.1 数值仿真分析

(1) 参数确定

本系统模型中所涉及的参数较多,并且一些因素不容易量化。本研究采用文献归纳法,通过阅读相关文献,如集团下发的《安全生产奖罚条例》、统计年鉴等资料量化定性因素,并以陕煤集团下属某矿业公司作为研究对象(简称 ZJM 煤矿),通过实地访谈查找相关数据。之后采用数据仿真分析,多次模型调试并确定系统参数见表 5-6。

表 5-6 命题参数赋值一览表

情况	命题 1	命题 2	命题 3	命题 4
r_1	3	4	3	3
r_2	1	2	2	2
t_1	1	2	2	6
t_2	2	2	2	2
t_3	1	1	1	1
t_4	4	3	8	3
t_5	1	1	1	6
s_1	2	6	3	3
s_2	2	5	3	3
s_3	4	4	2	2
s_4	3	3	1	1
s_5	3	3	7	7
s_6	2	2	6	6
c_1	2	3	3	3
c_2	1	2	1	1
c_3	4	2	3	2
c_4	5	4	4	3
c_5	3	6	4	4
c_6	2	5	3	3
c_7	2	3	5	6

其中,参数的确定不仅要满足命题要求,也要符合现实依据和调研情况。如在组织积极进行安全投入下,$c_1 > c_2$,$t_1 > t_5$ 等;当矿工为了避免罚款选择进行贿赂行为时,其贿赂金额小于被罚金额($c_5 > c_6$),而其贿赂金额等于管理者受贿数额($s_2 = c_6$)。总之,以上数据尽可能满足现实情况,以便数值仿真的合

理性。

（2）命题仿真分析

根据表 5-6 参数值利用 MATLAB R2014a 软件对相应的命题结果进行仿真，以下动态演化图的 x 坐标轴为组织选择激励策略的概率，y 轴坐标为矿工选择安全行为的概率，z 轴坐标为管理者对矿工行为进行监管干预不安全行为的概率，各个概率从 0 到 1 连续取值，系统、全面地对各利益群体博弈均衡进行三维空间的立体仿真。各仿真图的上半部分为演化进程，下半部分是对演化进程的简化，通过上、下两部分对应颜色的比较，可以判断三方群体最终的策略选择趋势。

① 当 $r_2 - r_1 + c_1 - c_2 < 0, c_3 - t_2 + t_3 + t_5 - c_5 + t_4 - c_4 - t_1 < 0, c_7 - s_5 < 0$ 时，组织最终选择积极投入资金，矿工最终选择安全行为，管理者最终选择干预矿工不安全行为。因此，在 x 轴、y 轴、z 轴方向上，概率都是从 0 趋向于 1。仿真演化进程如图 5-20(a) 所示，仿真演化进程的简化如图 5-20(b) 所示，关于组织、矿工、管理者行为选择趋势分别如同 5-20(c)～(e) 所示。该仿真演化进程验证了命题 1 的博弈结果。

通过对图 5-20(a) 不同角度旋转，得到 $x-y, y-z, x-z$ 二维平面图形。通过图形不难发现，当图 5-20(c) 中 y 变量不变时，x 不断增大趋向于 1；当图 5-20(d) 中 z 变量不变时，y 不断增大趋向于 1；当图 5-20(e) 中 x 变量不变时，z 不断增大趋向于 1。由此可见，命题 1 结论合理，三方利益主体均收益，并达到纳什均衡。

② 当 $r_2 - r_1 + c_1 - c_2 < 0, c_3 + t_4 - c_4 - c_6 < 0, s_5 - c_7 < 0$ 时，组织最终选择积极投入资金，矿工最终选择安全行为，管理者最终选择不干预矿工不安全行为。因此，在 x, y 轴方向上，概率从 0 趋向于 1；但在 z 轴上，概率从 1 趋向于 0。仿真结果如图 5-21 所示，验证了命题 2 的博弈结果。

③ 当 $r_1 - c_1 - r_2 + c_2 < 0, c_3 + t_5 - c_5 + t_4 - c_4 - t_1 < 0, c_7 - s_6 < 0$ 时，组织最终选择不积极投入资金，矿工最终选择安全行为，管理者最终选择干预矿工不安全行为。因此，在 x 轴方向上，概率从 1 趋向于 0；在 y, z 轴方向上，概率从 0 趋向于 1。仿真结果如图 5-22 所示，验证了命题 3 的博弈结果。

④ 当 $r_1 - c_1 - r_2 + c_2 < 0, c_3 + t_4 - c_4 - c_6 < 0, s_6 - c_7 < 0$ 时，组织最终选择不积极投入资金，矿工最终选择安全行为，管理者最终选择不干预矿工不安全行为。因此，在 x 轴方向上，概率从 1 趋向于 0；y 轴方向上，概率从 0 趋向于 1；在 z 轴上，概率从 1 趋向于 0。仿真结果如图 5-23 所示，验证了命题 4 的博弈结果。

通过用 MATLAB 软件对相关数据进行仿真，验证了上文命题的合理性，并展现了组织、矿工和管理者的行为趋向，为下文合理化意见提供了依据支持。

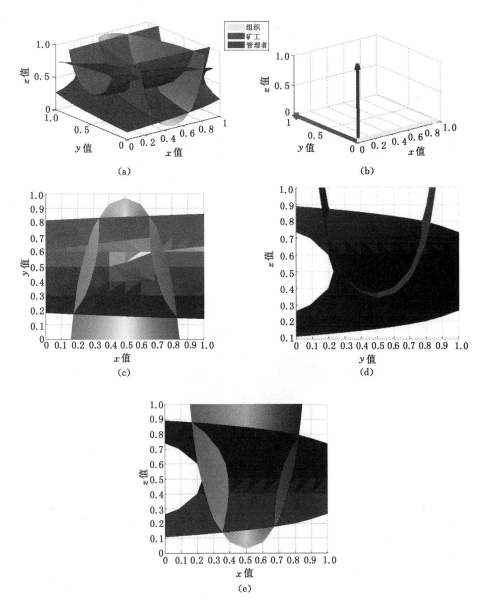

图 5-20　命题 1 仿真演化图

(a) 仿真演化进程；(b) 仿真演化进程简化；

(c) 组织仿真演化进程；(d) 矿工仿真演化进程；(e) 管理者仿真演化进程

5.4.2　案例分析

（1）神华神东布尔台煤矿简介

布尔台煤矿是由神华神东煤炭集团建设，属于世界第一的大型矿井。煤矿

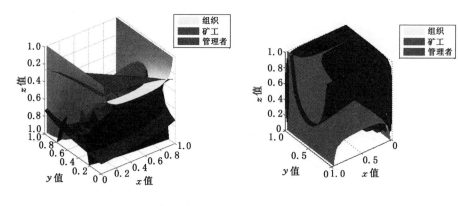

图 5-21 命题 2 仿真演化图   图 5-22 命题 3 仿真演化图

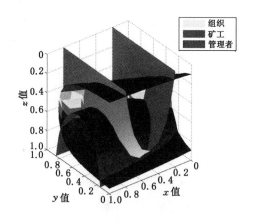

图 5-23 命题 4 仿真演化图

凭借先进的管理模式和一流的设备配置,在安全生产和环保方面屡创佳绩,获得了多项国家和省部级荣誉。2011 年被神华集团公司评为"节能减排"标杆单位;2011~2013 年连续三年被中国煤炭工业协会评为"特级安全高效矿井";2014 年被国土资源部评为"国家级绿色矿山试点单位";2015 年被中国煤炭工业协会授予"煤炭工业先进煤矿"称号。2017 年 3 月中央电视台《讲述》栏目走进神东布尔台煤矿,综采队讲述自己工作和生活中的感人故事。

(2) 综采队"531 班组管理法"

综采队生产班在 2013 年获神东煤炭集团银牌班组、2014 年和 2015 年连续两年公司金牌班组、2013~2015 年连续三年荣获布尔台煤矿"优秀班组"荣誉称号等一连串的荣誉光环。究其荣誉获得离不开"531 班组管理法",其中"5"是指抓管理,推进 5 项创新,夯实班组安全基础;"3"是指抓安全,落实 3 项举措,强化班组自主管理;"1"是指抓典型,培育 1 种特色文化,铸就班组文化之魂。"531

班组管理法"涵盖了班组管理中的方方面面,大到职工在现场的行为举止,小到生活中的所思所想所盼。让班组真正成为联系职工工作、生活、情感的桥梁和纽带。

① 5 项创新

a. 创新隐患整治。综采三队生产二班率先在采煤工作面设立班中隐患排查治理管理站,由带班队长、班组长将排查出的隐患逐一登记、制定整改措施,明确整改责任人、整改时限,并按规定做好记录;对单独作业人员和零散作业人员实行班前、班中、班后三汇报,时刻掌控单独作业人员和零散作业人员的安全动向。

b. 创新生产组织。开展形式多样的安全劳动竞赛等,最大限度地激发班组战斗力,实现生产最大化。煤矿对安全劳动竞赛给予支持,而最大化的生产给企业带来效益。

c. 创新培训载体。现如今煤矿的采掘机械化程度不断提高,对职工的操作技能要求越来越高。为此,综采三队生产二班开设了支架电控故障判断与维修、电气开关维修等 5 个实践操作"流动课堂",每周举行一次"现场师带徒,技术传帮带"活动,大大提升了职工的安全技能;还开设了职工书屋。

d. 创新管理机制。积极开辟家属协管阵地,开展了"一封安全家书"、"家协十字绣"等一系列家协活动,动员职工家属参与安全管理,用亲情、友情和爱情感化职工,认真做好"三违"帮教,充分利用她们的特殊身份,将关爱矿工的热心从家庭延伸到班组。

e. 创新班组民主管理。为激发员工参与民主管理的积极性,在开展每项活动前,生产二班都会邀请班组中的党员和职工代表参与活动的决策工作,坚持员工工分、奖罚分配等 24 小时内公开,接受群众监督,这一做法既充分维护了班组职工的权益,又增强了班组凝聚力和战斗力。

② 3 项举措

在大力推行公司"五型班组"建设的过程中,综采队生产班结合自身实际,归纳总结出班组管理相关实施办法,并强推 3 项举措,提升班组自主管理水平。

a. 推行班前"六仪"。按照班前一讲述安全状况、二开展安全提问、三排查 11 种隐患人、四学习岗位标准作业流程、五唱班组之歌、六集体安全宣誓等六项程序,把班前会变得更加简单化、规范化,大大提高了班前会的质量,强化了班组职工的安全意识,使班前会成为了提高员工素质的第一课堂,成了现场安全管理的第一道防线。

b. 推行班中"三步"。煤矿管理重在现场,是班组安全管理的关键。在日常的安全管理中,综采队生产班总结出班中"三步",即接班现场安全确认、班中安全巡查、交班安全评估 3 个步骤,这使生产现场的隐患得到有效控制,班组职工违章蛮干的行为明显减少。

c. 落实班后"四保"。即落实班后工作总结、技能培训、安全帮教和安全担保 4 项安全保障措施。工作总结是由当班带班队长分别对上一班工作情况进行简要总结,针对主要问题,研究制定整改措施;技能培训是根据职工素质状况,有针对性地制订培训计划,落实培训内容,提高职工业务技能;安全帮教是班组长对发生"三违"人员进行耐心教育,帮助分析违章原因,讲清利害关系,促使其遵章守纪;安全担保是指班组"三违"人员,必须向班组缴纳一定的安全保证金,保证以后不再有"三违"行为。

通过强化这 3 项举措,现场的安全隐患得到了及时整治,生产现场处于动态安全监控之中,职工通过参与班组安全管理,转变了工作作风,增强了责任意识,提高了安全工作执行力。

③ 1 种特色文化

良好的班组文化是确保班组健康发展的灵魂和支柱,综采队生产班有针对性地开展形式多样的班组创建活动,率先开展了月评"首席员工"制度,把安全意识强、技术好、群众威信高的职工选拔为本工种的首席员工,为他们颁发证书,每月享受 500 元津贴;在班组内开展安全理念征集活动、安全家书活动等,积极开辟了班组家属协管阵地,让职工在潜移默化中时时接受安全教育,班组内呈现出浓厚的安全文化氛围。

"531 班组管理法"可操作性强、实用性强,它的推行和不断完善改进,不仅为职工创造了安全的作业环境,也使职工的安全意识大大增强,"三违"现象明显减少。

5.4.3　小结

本节通过定量和定性两种方式对三方博弈和四方博弈的分析进行了验证。通过数据仿真的方式验证了命题的猜想,形象地体现出组织、矿工、管理者三方的行为变化;而案例分析则对四方博弈中群体氛围对矿工安全行为的收益有着积极影响并做出了验证,说明群体良好的氛围可以减少和抑制不安全行为的产生。

5.5　对策研究

通过以上章节的研究可知,矿工不安全行为的产生是一个以矿工为中心,受其他主体因素影响的系统。从系统科学的观点来看,系统必须具有持久而稳定的动力,才能保证系统的正常运行。矿工行为的系统来说,其动力来自于系统内部各要素相互作用产生的内部动力,以及系统与外部环境相互作用而产生的外部动力。因此,为了让矿工进行安全行为生产,既要考虑影响矿工行为的各个主体间的内部要素及相互关系,又要考虑外部环境对矿工及相关主体的影响。此外,促使矿工安全生产的策略要满足多元利益主体的利益需求,从而使整个系统达到最优化。

5.5.1　基于多元利益主体稳定的矿工安全行为内部驱动力

促使矿工安全生产的内部驱动力,即是要在三方博弈下使矿工趋向安全行为的动力。通过上述章节的研究可知,矿工趋向安全行为的方式有两种,一种是让其他主体行为趋向均衡点,从而达到矿工安全行为演化稳定策略;另一种是打破矿工不安全行为的均衡点,使其行为趋向安全行为。无论采用哪一种策略均需要各个主体间进行行为交互,同时也产生相关的内部驱动力,如图 5-24 所示。

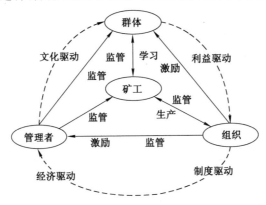

图 5-24　主体间内部驱动力示意图

（1）组织-管理者

制定惩戒制度,加大责任追究力度,严查个案。目前,煤矿企业已建立的以岗定责的监管制度和以责定罚的惩戒制度无法对角色外不安全行为起到惩戒作用。企业应在国家法律法规范围内,重新制定惩戒制度,加大责任追究力度。惩戒主体应包括行为实施者及相关责任人,可采取罚款、取消评优资格或"安全抵押金"等惩罚形式,严重者应对企业责任人处以行政处罚。通过制定连带责任制度预防反生产行为,督促管理者监督和即时纠正反生产行为。

组织对反生产行为较为宽松的惩治态度是导致员工反生产行为加剧的重要因素之一。因此,企业管理层应重视矿工反生产行为典型个案的查办,以正风气。一是通过惩戒和案例教学严明纪律,起到警示作用;二是通过个案剖析探明企业内部不和谐因素,挖掘管理体制和员工关系方面的重大问题。

（2）管理者-群体

班组安全责任文化。建立健全机制体制、转变管理方式等措施对矿工安全责任意识和安全责任习惯的培养只是硬性的、表面的,对矿工深层次的自主意识的影响较弱。安全文化建设则是从内心深处转变矿工工作态度和安全价值观的途径,加强班组安全责任文化势在必行。

① 建立安全责任信念。班组内部要树立积极的安全责任信念,如"坚守岗位才能保障安全生产"、"安全生产需要每个人的坚持"、"坚持正确的操作方法才能保障安全"等。

② 打造安全责任心态。良好的安全责任心态是安全责任文化的源动力。班组可通过打造阳光心态,正确面对压力和困难;打造付出心态,为安全贡献责任才能保证生命健康;打造主人翁心态,企业发展才能保证个人利益;打造积极心态,安全每一秒都掌握在自己手中。

③ 塑造安全责任行为。企业可通过在培训中增加"责任心"培养课程,举办"我与安全责任"征文比赛、"安全责任"摄影展或矿工家属"安全责任告诫会"等活动,提高矿工安全责任意识和安全行为主动性。

(3)群体-组织

完善矿工利益表达机制。目前国内矿工利益表达机制不完善,极易导致矿工"沉默行为"和"过激行为"产生。将完善矿工利益表达机制引入安全管理领域,消除煤矿企业中不和谐因素,建设本质安全煤矿。主要包括:

① 疏通矿工利益表达渠道。目前,矿工利益问题无法得到有效解决的原因之一在于无处申诉,为此,煤矿企业首先应建立健全企业内部利益表达机制体制并强化工会建设,为矿工提供解决问题的部门和负责人,通过面对面沟通化解矿工与企业、领导间的矛盾。

② 矿工利益表达意识和能力培训。部分矿工受到委屈而实施反生产行为的原因在于其维权意识和能力不强,不知道如何通过合理途径解决问题。对此,煤矿企业可以组织矿工和管理者集体学习相关制度、文件,培养煤矿企业员工通过合法途径解决问题的意识和能力。

通过以上几点对策,可以有效地提高内部驱动力,进而使矿工行为趋向于安全生产,煤矿安全建设水平提高。

5.5.2 构建矿工安全行为利益共同体的外部动力源

从外部来看,矿工安全行为产生的各个主体间的关系,可以不仅仅考虑某一主体的利益最大化,而是利益相关者相互合作,达到一种共同的利益体。从而,使各个主体都能增加收益。要想促成矿工安全行为的相关利益主体的合作,就必须解决他们之间的矛盾和冲突问题。

利益共同体的建立就是为了有效解决合作中的冲突,保证合作中利益的实现,将各利益主体纳入矿工安全行为系统中,建立共同目标,使他们都成为矿工安全生产的共同受益者。安全生产,扩大收益是相关利益主体的共同目标,而实现这个共同目标需要组织、矿工、管理者和群体的共同努力,是他们共同的责任。

从这个意义上讲,组织、矿工、管理者和群体的关系本质上就是利益共同体(图5-25)。实现矿工安全行为,依赖于组织-矿工-管理者-群体利益共同体要素之间的和谐。而市场环境、产业政策、法律制度、行业收入、文化传统、情感影响和社会道德可以为利益共同体提供外部环境支撑。

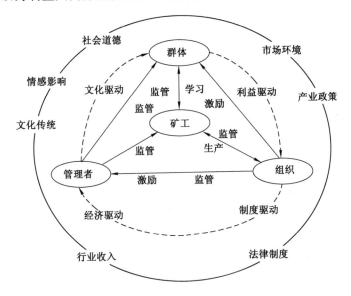

图 5-25　组织-矿工-管理者-群体利益共同体示意图

　　当下煤炭市场环境低迷,行业收入相对减少,相关的产业政策和法律制度日益完善。在此背景下,矿工若进行不安全行为生产,一旦被相关机构发现,会导致企业被严厉处罚甚至停产整顿,致使企业经济收入雪上加霜。而相关法律制度加强了人文关怀,以人为本的理念深入人心,矿工可以依法维权避免领导的违章指挥产生的不安全行为。此外,矿工知识文化水平逐步提高,社会道德及内心情感也会使自己安全生产。由此可见,外部环境通过内部驱动力的影响,从而进一步提升利益共同体的收益水平。

第6章 基于成本收益的矿工不安全行为决策仿真分析

6.1 基于成本收益的不安全行为决策模型建立

煤矿井下的工作环境决定了矿工在决策时处于有限理性的状态,根据行为经济学的描述,处在有限理性的个体在决策时不仅会进行传统的成本收益计算,还会受到环境的影响。那么矿工不安全行为决策模型在基于成本和收益的计算上,还需要考虑环境对于矿工的影响。这里的环境指广义的环境,包括管理者对矿工的影响,矿工之间的影响和工作环境的影响。

成本收益的计算是模型的主体部分,根据理论部分的阐述,矿工各种成本和收益的计算需要依靠收集各类因素的情况来进行,那么这部分的计算需要由传统的成本收益分析来展开。根据有限理性的假设,井下工作环境导致矿工难以获取成本收益计算的全部信息,这种情况下就只能依靠周围矿工的历史成本收益来进行计算。在模型中表现为,矿工根据周围矿工同事上个周期采取的各种行为模式的平均收益来作为本周期行为决策的依据,这体现了矿工之间环境的影响。最后结合前景价值理论来供矿工进行决策判断。

区别于成本和收益的计算,也有部分矿工会受到从众心理的影响,称为从众决策,在从众决策中,矿工的行为决策会根据附近矿工的行为选择来进行,触发从众决策的条件为周围是否有管理者的存在。从众决策作为成本收益计算的补充,体现了管理者对矿工的影响和矿工之间的影响。

6.1.1 成本收益影响因素属性

内控管理认为,在煤矿企业中,影响矿工成本收益计算的影响因素应从"人""机""环""管"四个方面提出,在本研究中,各类属性并不是与这个四个方面严格对应的,有的属性仅对应一个方面,而有的属性则是几个方面的结合。

本研究的属性主要分为三类,即环境属性、管理者属性和矿工属性。

模型中设置两种个体,一种为管理者,另一种为矿工。个体之间有两种交互组合:管理者与矿工;矿工与矿工之间。其中,管理者与矿工是上下级关系,管理者对发现不安全行为的矿工可以进行干预,并给出罚款等措施。矿工与矿工之间的关系为同事关系,交互主要涉及相互影响,包括上周期平均收益参考点和从众效应的影响。

（1）环境相关属性

模型中的环境属性与广义的环境并不是同一概念,定义的环境属性主要指在行为决策下,能对矿工不安全行为的产生造成影响的属性,但是这些属性并不来自于管理者和矿工本身。这些属性主要受企业安全投入、机械设备可靠程度,薪酬激励制度等共同影响。本研究所用到的环境属性有：

① 矿工不安全行为导致事故发生概率 X。

② 矿工不安全行为导致事故发生而产生的损失 L。矿工的不安全行为是事故产生的根源,但是这并不意味着只要发生不安全行为就会造成事故,不安全行为导致煤矿事故产生的概率,在一定程度上受企业安全投入水平,机械设备安装、维护水平,防护设施,巷道地质水平等的影响。事故发生后,每个企业的损失也同样受这些因素和救援预案等的影响。本研究主要针对矿工来进行,所以这些种类繁杂但是不与矿工决策直接相关的影响因素用这两个属性来统一指代,并且在仿真的过程中取煤矿企业的一般水平,来增加模拟结果的可用性。

③ 正向激励水平。企业为增强矿工安全意识,规范矿工的安全行为,都有不同程度的奖励办法。现行煤矿企业奖励条件,有严格按照安全制度执行作业、发现事故征兆、提出有用建议和举报"三违"现象等。

根据企业现状,结合薪酬激励制度和有限理性假设,选择严格按照安全制度执行作业作为影响矿工在安全行为模式下收益的主要因素。因为矿工选择安全行为模式可以得到奖金,所以这里的正向激励针对奖金来研究。本研究将奖金水平来定义安全行为模式收益 R_1。

（2）管理者相关属性

管理者分为中高级管理者和基层管理者,由于模型研究的是针对井下的工作环境来讲的,所以这里管理者是指基层管理者,也就是班组长,中高层管理者的影响在环境因素部分体现。从前面的阐述中可以了解到,班组长是对生产队伍直接监督的,班组长的作用不仅能影响班组的安全工作氛围等,更能在发现不安全行为后直接进行制止,从而抑制不安全行为。所以管理者的安全领导行为有效性从一定程度上影响了矿工对不安全行为的决策,有效性从安全监督管理体系中的以下两个方面来体现。

① 对不安全行为干预概率(M)。由于矿工学历普遍不高、相互熟识以及矿工之间不存在竞争关系等原因,实践调查得知依靠矿工之间的互相监督和举报并不能有效地影响不安全行为的发生,所以在井下作业中主要依靠管理者来对不安全行为进行监督和干预。但是并不是所有的不安全行为都能被管理者及时

地干预,井下工作环境光线比较阴暗,而且班组组员之间的距离也不同,这就造成了管理者并不能及时发现所有的不安全行为。另外发现不安全行为也并不意味着管理者就一定会对不安全行为进行干预。

② 反向激励水平(G_P)。根据企业奖惩条例,对发现的不安全行为都有不同程度的罚款,所以反向激励水平用罚款来反映,在管理者决定对矿工进行干预后,出于对工作关系和行为严重程度等考量,可能不会做出罚款的惩罚决定。管理者对安全惩罚制度实施的有效性和煤矿企业整体罚款水平共同决定了罚款的合理额度。

(3)矿工相关属性

根据有限理性假设,井下工作环境比较闭塞,很难获得所有有效的信息,同时由于矿工综合素质等限制,很难做出最理性的决策,在有限理性状态下,相对于经济上最优结果,矿工往往会选择最满意的结果,井下工作会对矿工产生比较大的心理倦怠感,所以倦怠感往往就能决定这一最满意结果的方向,这就为心理倦怠水平作为成本和收益提供理论依据。

工作倦怠水平(E):不同的工作强度、工作时间、个人经验和心理状态等会产生不同的倦态水平,数值上体现为工作压力增长率。矿工倦怠程度计算如下:

$$E = 12 \prod_{m=1}^{n} (1 + i_m) + \varepsilon \tag{6-1}$$

式中　n——连续工作时间;

　　　i_m——压力增长率,取值3%或5%;

　　　ε——初始值,在本研究中因不同矿工对压力承受力不同,在范围内取随机值。

工作倦怠作为成本和收益需要分为两个行为选择模式下来看。

在安全行为的选择下,矿工需要承受严格按照安全生产条例来认真执行每项生产操作所带来的倦怠水平,这些倦怠水平所带来的心理压力就是安全行为成本的主要来源,所以在本研究中用倦怠水平来表示安全行为下的成本 C_1。

在不安全行为的选择下,矿工会抱着侥幸心理或采取偷懒的行为方式来释放一部分倦怠水平来缓解,这部分释放的倦怠水平就是矿工对最满意选择,那么这些所释放的倦怠水平就是矿工所获得的心理收益,需要注意的是不安全行为也并不能缓解全部的倦怠水平,所以在本研究中用倦怠感减去随机数来定义不安全行为下的收益 R_2。

矿工不安全行为的成本收益影响因素见表6-1。

表 6-1	成本收益影响因素	
参数属性说明		代号
安全行为收益		R_1
安全行为成本		C_1
不安全行为收益		R_2
管理者干预概率		M
矿工采取安全行为的概率		N
矿工不安全行为导致事故发生概率		X
矿工的不安全行为导致事故发生造成的损失		L
矿工的不安全行为被管理者干预后的惩罚罚款		G_P

6.1.2　成本收益计算

成本收益计算按照模型的决策过程分为期望收益计算和心理价值收益计算两个过程,得出最后的结果为心理价值计算,本书中用成本收益计算来指代这两个计算过程。

（1）期望收益计算

根据有限理性和前景理论,模型的决策也分成两个部分。第一阶段主要是收集周围可能收集到的对决策有影响的各类信息,第二阶段基于上个阶段的评估与决策。期望收益计算阶段就是前景理论中的信息接收、处理阶段。矿工根据收集到的环境中的信息,并经过简单的处理、计算,为下一阶段提供支持。

期望收益计算采用传统的成本收益分析的方法来进行计算,所不同的是,矿工在做出决策时,可以依照作业手册应严格实施安全行为,但实际情况往往矿工抱着侥幸心理或采取偷懒的行为方式,认为能省时去做些其他事或进行休息获得较大的心理收益。所以根据影响因素的描述和两种模式实施成本和机会成本的不同,信息的收集阶段就需要分为两种模式来收集、处理,然后在计算综合的期望收益。

模型要能够体现出影响矿工对不安全行为决策的各种因素。首先需要进行对两种行为选择下的期望收益和综合期望收益的计算。

假设安全行为和不安全行为的期望收益分别为 U_1 和 U_2：

$$U_1 = M \times (R_1 - C_1) + (1 - M) \times (R_1 - C_1) = R_1 - C_1 \tag{6-2}$$

$$U_2 = M \times (R_2 - X \times L - G_P) + (1 - M) \times (R_2 - X \times L)$$
$$= R_2 - X \times L - M \times G_P \tag{6-3}$$

两种模式下的期望收益都是由各自模式的收益减去成本来计算得出的。从公式(6-2)可以看出,矿工安全行为的收益是以自身为考量的,根据影响因素的介绍,这一行为模式下收益主要是认真履行安全生产条例获得的奖金,成本就是严格按照条例操作所带来的心理倦怠感的心理成本,由于是安全行为,所以管理者的干预与否对结果并不会产生影响。公式(6-3)表明,矿工选择不安全行为的期望收益除了考虑自身利益外,还要考虑不安全行为可能造成的事故损失以及被管理者干预后面临的罚款,其中由不安全行为所释放的心理倦怠构成了这个模式下的心理收益,事故损失由可能造成事故的概率与实际事故造成的损失相乘,管理者干预影响的就是罚款概率。另外,矿工选择不安全行为就代表矿工在心理上已经放弃认真履行安全生产条例获得的奖金,所以奖金不作为不安全行为模式的收益。

由式(6-2)和式(6-3)可以得出矿工的平均收益 $\overline{U}$:

$$\overline{U} = N \times U_1 + (1-N) \times U_2$$
$$= N \times (R_1 - C_1) + (1-N) \times (R_2 - X \times L - M \times G_P) \tag{6-4}$$

这里两个模式的期望收益都是个人的收益,N 是采用预设值。同样,这个公式可以用来计算多个矿工的平均收益。多个矿工的计算方法将在下文讲解。

(2)心理价值收益计算

矿工在经过收集和处理阶段后,就要进入评估、决策阶段。前文说过模型在成本收益计算中体现矿工相互之间的影响是采用历史收益来进行的,那么处在有限理性状态的矿工的决策,需要选择一个参照点,这个参照点为上个时点矿工的周围矿工的行为和其产生的不同收益,即上个时点 $(t-1)$ 工作伙伴行为的平均收益 $\overline{U}(t-1)$ 来作为本时点 t 的参考值。这个值计算就是采用公式(6-4)来进行计算,其中公式采用的各模式的期望收益对应附近矿工的各模式的平均期望收益。

假设本时点,矿工安全行为和不安全行为的收益分别为 $U_1(t)$ 和 $U_2(t)$,上个时刻平均收益为 $\overline{U}(t-1)$。

矿工在 t 时决策安全行为时:

$$\Delta U_1(t) = U_1(t) - \overline{U}(t-1) \tag{6-5}$$

矿工在 t 时决策不安全行为时:

$$\Delta U_2(t) = U_2(t) - \overline{U}(t-1) \tag{6-6}$$

这样就得出考虑上个时点影响的两种行为模式下的收益,从数学上来看就是一个变化量。由于矿工综合素质的限制以及信息收集的有限性,简单地采用上面公式得出的变化量来进行直接对比决策是不严谨的,还需要考虑前景价值理论来将不同的矿工对风险的敏感度和对风险的态度纳入计算中,从而得出适用于决策的心理价值。将矿工在 t 时点选择的不同行为收益减去上时点的平均收益代入前景价值函数(2-1),得出本时点的安全行为心理价值收益 $V_1(t)$ 和不安全行为的心理价值收益 $V_2(t)$,经过前景价值模型计算后,得出的价值不仅包含矿工自身的成本和收益,也受企业安全投入水平、管理者执行力、矿工之间的影响、矿工对风险的敏感度和对风险的态度等导致不安全行为产生的各种因素的影响,这些心理价值收益的对比产生了本期矿工行为决策结果。矿工心理计算过程如图 6-1 所示。

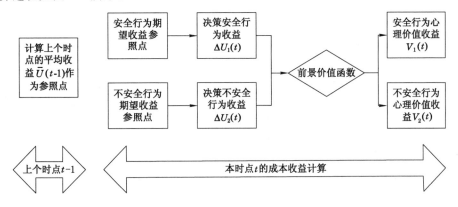

图 6-1　矿工成本收益计算流程图

6.1.3　从众效应影响分析

选择上期周围矿工平均收益作为参照点是矿工之间的交互方式之一,另一种更为直接的交互方式就是从众效应的影响。进入从众决策方法之后,矿工的行为决策完全依赖于周围矿工的行为选择,因此从众效应在矿工决策模型中不可被忽略。对于井下工作,矿工同事之间是同等级关系,其由于学历、经历等比较相似所以会构成心理学群体,在工作过程中,这一群体对风险感知能力相对有限,很容易造成由于无法获得所有信息而产生从众效应。虽然安全生产条例中有关于举报不安全行为的条款,但是实际调查显示极少有矿工会这样做,所以可以认为矿工之间的交互不涉及经济利益,对矿工同事的行为决策也多表现为友善提醒,力度比管理者要弱,但仍然是除成本收益计算之外另一个比较重要的选择方向。

我国矿工平均素质近几年有所提升,但现状是大多仍然来自于偏远地区农村,教育水平相对较低,面对行为决策存在着严重的认识不足的情况,这也是井下工作容易形成从众现象的另一个原因。本研究依照矿工学识、经验等自身因素将决策矿工受周围矿工决策影响程度分为低、中、高 3 个等级,并为决策矿工由于从众效应可能采取相应行为模式的可能性赋予不同的数值。低影响程度的决策矿工受到影响的可能性为 10%;中影响程度的决策矿工受到影响的可能性为 50%;高影响程度的决策矿工受到影响的可能性为 75%。

6.1.4　成本收益和从众决策流程

通过上述理论、各类属性和成本收益计算等介绍,矿工由于综合素质因素导致很难获得所有相关的信息,只能参考上个时点的环境信息与自身搜集到的信息作为参考点。矿工除自身评估过程外,还受到由其他矿工和管理者共同组成的工作环境的影响,前述从众效应也要考虑进模型的决策流程中。

因此,综合矿工自身决策与周围环境的影响,可以得出矿工风险决策的流程。模型决策流程如下:处于工作状态中的矿工,首先要收集附近范围内有关的决策信息,查看周围工作人员职位类型,监测周围是否存在管理者,然后决策模式也分为两种来进行。

第一种是周围存在管理者,由于管理者具有一定监督能力和安全生产氛围的领导能力,能够抑制从众效应对矿工的影响,这种状态下的矿工按照成本收益的计算方法来进行决策,分别计算两种行为模式的成本收益,其中不安全行为模式下的成本收益计算,因为有概率受到管理者的干预,需要考虑到不安全行为被干预后可能的罚金。另外,如果矿工处在被管理员干预的状态下,不管成本收益计算的结果如何,均被强制处于安全行为模式。

第二种是周围不存在管理者,那么根据前面对从众效应的描述,这是矿工会选择从众决策来进行行为模式的决策,矿工的行为首先会根据从众系数来执行周围矿工的行为模式,这里假设将附近矿工安全行为比例设定为 75%,那么具体来说,如果矿工具有高度从众性(75%),那么该矿工则会有 75% 的概率选择与附近矿工相同的行为模式,即 75% 的概率选择安全行为模式,75% 之外的概率这是不受从众心理的影响,这种情况下矿工则依然按照成本收益计算决策,进行信息收集、处理,并根据模型和前景理论函数进行计算。同样,如果矿工处在被管理员干预的状态下,不管成本收益计算的结果如何,均被强制处于安全行为模式。

所以,可以看到矿工会因周围有无管理者监管而选择成本收益计算决策路线或是从众决策路线,其中,从众决策路线中如果最终不受从众效应的影响,则改为成本收益计算决策。不管选择那种路线,最后都会按概率执行是否被管理者干预,如果不被干预就按照原来的决策,被干预就被强制选择安全行为模式。具体的决策流程图如图 6-2 所示。

6.1.5　小结

(1)从影响矿工行为决策的各方面,提出矿工、管理者、环境三个方面的各类影响因素。

(2)基于影响因素,建立模型的核心部分,即成本收益计算部分。

(3)以从众效应为起点,提出另一个能影响矿工行为决策的路线,作为成本收益计算路线的补充。

(4)将矿工之间的交互,矿工与管理者之间的交互串联,建立模型的运行路线,包括成本收益计算路线和从众决策路线。

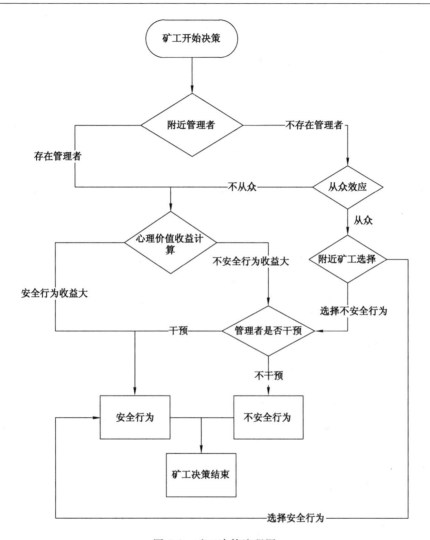

图 6-2 矿工决策流程图

6.2 基于成本收益的不安全行为决策仿真平台

矿工决策模型在一定程度上以量化的形式描述了风险决策这一心理决策过程,矿工依照心理计算结果执行某一决策行为,同时矿工又会受到周围矿工环境的影响,并且上个时点的决策结论也成为下个时点的决策参照点,可见矿工既拥有自我决策的自主运行能力,又具有受工作环境中同事影响的交互能力,显然满足 agent 的定义,那么计算机仿真是这些智能体组成的群体最好的研究方式,本书采用 NetLogo 仿真环境,构建基于成本收益的矿工风险决策仿真研究平台。

6.2.1 NetLogo 软件介绍

NetLogo 是一个可以对模型进行仿真的软件,拥有独立的编程语言。在 1999 年由 Uri Wilensky 首次发行,由 CCL 进行后续的运行更新。他的设计思路很大部分源于 StarLogo 软件,在此基础上更新了很多新功能,并更换了编程语言和 UI 界面。NetLogo 软件是用 Java 实现的,因此可以在所有主流平台上运行(Mac,Windows,Linux 等)。它作为一个独立应用程序运行。

NetLogo 软件主要是以时间为锚点进行模型仿真演化,通过软件,使用者可以控制各独立主体(agent)。NetLogo 软件拥有自己的编程语言,所有人都能根据需求构建模型。NetLogo 软件的编程语言相对比较简单,进行一段时间的学习就能掌握构建模型的能力,同时它也足够复杂,能够满足众多科研领域的要求。目前 NetLogo 软件已经更新到了 6.0 版本,本研究采用 5.0 版本。

(1) NetLogo 软件语言基本规则

NetLogo 软件基于 Java 环境开发,但是考虑到普及度和学习成本的问题,所以编程做了很大的修改和简化,但其基本的面向对象的编程思想一直保留,许多过程都是通过了可视化界面进行了替代。以下介绍本研究中会用到的语言类型。

本研究中需要用到的语言包含以下几类:

① 海龟相关(Turtle-related)

海龟是 NetLogo 软件中的基本 agent,海龟相关主要功能有海龟的产生,属性赋予、修改、控制等功能。主要包括:create-<breeds>,hatch-<breeds>,move-to,turtle-set 等。

② 瓦片相关(Patch-related)

瓦片是海龟进行运算的场景,作为背景同时还存在各类属性,瓦片相关主要功能有瓦片属性赋予、修改、控制等功能。主要包括:patch-set,clear-patches,patches-own,random-pxcor,random-pycor 等。

③ 主体集合(Agentset)

海龟是 NetLogo 软件中的基本 agent,但是用户可以将 agent 自主的分类为不同的类型,这些类型就称作一个主体,主体集合主要包含创建主体、设定主体、选择主体和控制主体等功能。主要包括:all,any,ask,is-agent,count 等。

④ 颜色(Color)

颜色本质上是海龟的一个属性,但是有关颜色的语言很多,所以单独归为一类,包括颜色的设置、变色等功能。主要包括:base-colors,color,pcolor,scale-color 等。

⑤ 控制流和逻辑(Control flow and logic)

其他类别中都有控制功能的语言,这些语言都是由本类中的控制和逻辑语言组合而来的,所以本类中的语言都是各种控制和筛选的基本语言。包括:and,ask,every,if,ifelse,let,loop,not,or,repeat,report,run,set,stop,startup,to,to-report,wait,while 等。

⑥ 世界(World)

世界主要是全局设置的语言,能够对 agent、各类主体集合、背景等进行设置。包括:clear-all,clear-patches,clear-turtles,import-pcolors,max-pxcor,max-pycor, min-pxcor, min-pycor, patch-size, reset-ticks, resize-world, set-patch-size,tick,tick-advance,ticks,world-width,world-height。

⑦ 输入/输出(Input/output)

本类主要负责计算过程的数据输入,同时控制结果的输出,可以选择是输出至下个计算过程或是直接输出至可视化界面。主要包括:clear-output,date-and-time,export-view,mouse-xcor,mouse-ycor,output-show,output-type,output-write 等。

⑧ 数学(Mathematical)

数学包括各种数学计算的语言,有基本运算和各类高等数学运算,另外还有取随机值、向上取整、向下取整等操作。主要包括:Arithmetic Operators ($+$, $*$, $-$, $/$, $\char`\^$, $<$, $>$, $=$, $! =$, $<=$, $>=$),abs,acos,asin,atan,ceiling,cos,e,exp,floor,int,ln,log,max,mean,median,min,random 等。

(2) NetLogo 软件编程基本介绍

上文在介绍过各类语言之后,本节用一个简单的示例来描述一个简单模型的基本介绍。

① 主体 agent

NetLogo 软件中预设了三种可操作主体:海龟、瓦片和连接。

海龟是模型的主要研究对象,模型可以用语言赋予各种属性,也可以用语言进行归类。海龟可以在世界中被创建和各种其他操作,世界就是由多个瓦片组成的。一个瓦片可以看作一个小空间,有自己的坐标编号。由于本研究不涉及连接,就不再介绍。

首次打开 NetLogo 软件后并没有任何可操作的主体。观察者必需用语言来进行创建操作。

在整个世界中,坐标$(0,0)$处的瓦片称为原点,其余瓦片坐标的命名规则就是根据原点来进行,用 pxcor 和 pycor 表示。海龟同样也有坐标:xcor 和 ycor,并且坐标的命名和规则与瓦片一致,海龟可以用坐标来标志其在世界中的位置和相对瓦片的位置。

② 例程

NetLogo 软件执行一个操作的基本单元就叫作例程，一般例程以 to 或 to-report 开始，以 end 作为结尾。其中 to 后接的语句就是给这一例程命名，一个例程中就可以用这个命名来引用其他例程，从而做到环环相扣。

例如，下面为两个例程：

```
to setup
  clear-all
  create-turtles 10
  reset-ticks
end
to go
  ask turtles [
    fd 1               ;; forward 1 step
    rt random 10       ;; turn right
    lt random 10       ;; turn left
  ]
  tick
end
```

setup 和 go 是用户给例程的命名。

clear-all，create-turtles，reset-ticks，ask，lt（"left turn"），rt（"right turn"）和 tick，是命令原语。

在完成 setup 和 go 例程后，这两个例程就能够被其他例程引用。

在一般的 NetLogo 模型中，setup 例程是进行设置和初始化的语句，是模型除了定义语句之外最前的语句。go 是运行例程，一般包含模型中的所有运行例程。

③ 变量：Variables

变量的作用是储存各类值。变量分为全局变量、海龟变量和瓦片变量。

全局变量一般在模型的最前进行定义赋值，它可以被模型中的任何语句引用。全局变量一般通过 globals 语句来定义，例如：globals []，中括号中每个名称就是一个变量，然后再用 setup 语句中进行初始赋值。

海龟变量则是由各独立海龟所拥有的变量，这些变量有些相同，大部分都是不同的，独立的海龟也正是因不同的变量而不同。同样，这些变量可以定义赋值，也可在运行中通过计算改变。瓦片变量与海龟变量基本一致。

例如，每个海龟都通过 color 变量来定义颜色，每个瓦片则通过 pcolor 来定义颜色。海龟变量一般通过 turtles-own 来定义，瓦片变量通过 patches-own 来定义，例如：turtles-own []，patches-own []。

另外,这三类变量不仅可以通过语句来定义赋值,也可以在可视化界面通过开关和滑动条进行直接定义赋值。

④ 请求:ask

每一个例程必需指定执行它的主体,这一功能主要由 ask 语句来实现。一般在定义一个例程之后,就需要 ask 来定义执行它的主体。

例如:

to setup

　　clear-all

　　　　ask turtles

　　　　［set color yellow

　　　　　　fd100］

　　　　ask patches

　　　　　　［if pxcor ＞ 0

　　　　　　　　［set pcolor black］］

　　reset-ticks

end

在这个例程中,包含两个运行例程,第一个为 ask turtles 之后的中括号,代表这一运行例程由海龟主体来执行,同样,下一个中括号内的运行例程则代表由瓦片主体来执行。

⑤ 种类:Breeds

NetLogo 软件仅内置了海龟这一类研究主题,在很多模型中需要不同类型的主体共同运行,这就需要用 Breeds 语句来定义新的主体类型。例如:

breed［wolves wolf］

breed［sheep a-sheep］

其中括号中第一个语句为主体的复数形式,用来指代所有同类型的主体。第二个语句为主体的单数形式,用来指代一个主体。

这两个语句就定义了羊(sheep)和狼(wolves)两个不同的主体,然后 sheep-own 或者 wolves-own 语句就可以对这两类主体进行变量定义,从而创建研究者需要的所有主体。

Breeds 语句要在模型的最前定义。

6.2.2　Agent 模型的建立

决策模型构建的基本思路就是自上而下,所以模型的构建要从 agent 的建立开始。在本研究中,agent 分为两类,矿工 agent 和管理者 agent,各 agent 又定义了各类参数。由于计算机机能限制和避免模型过于复杂的考虑,这两类 agent的参数有些参考现实矿工的平均水平,另一些在一定区间内取随机值,用来模拟矿工和管理者的有限素质差异和所处的环境水平。

（1）矿工和管理者 agent 的可视化建立

前文中已经对模型进行了阐述，并对不同的参数进行分类，但是由于软件机理和模型复杂度的考虑，很多参数还需要表达方式的重分类，不过从软件计算结果上看依然是等同于模型的计算结果。

为了在窗口中区分出矿工和管理者，需要对矿工设定不同的形状参数，同样，为了区分选择不同行为模式的矿工，需要对安全行为模式和不安全行为模式设定不同的颜色参数。图 6-3 为 setup 之后的初始化状态下的窗口，其中黑色圆形为处于安全行为模式的矿工，三角形为管理者。

① 矿工 agent

首先介绍矿工 agent 的建立思路，NetLogo 软件可以在窗口中点击随意 agent 进查看 agent 的各类参数，选中 agent，然后选择 inspect 就可以查看。图 6-4 为一

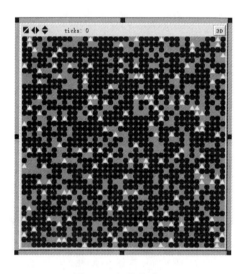

图 6-3　初始化窗口　　　　　　图 6-4　agent 状态

个 agent 的状态图。

其中,上半框为 agent 周围环境,包括矿工同事和管理者,下半框为该 agent 的各类参数,研究涉及的参数的含义见表 6-2。

表 6-2　　　　　　　　　　　　　agent 参数及含义

参数	含义
who	agent 的编号
color	颜色,用来代表不同行为模式
xcor	相对原点的 X 轴参数
ycor	相对原点的 Y 轴参数
shape	形状,从可视化区分 agent 类别
breed	类别,默认 agents 代表矿工
size	agent 在窗口中大小
reward-safe	安全行为模式下的收益
cost-safe	安全行为模式下的成本
active?	是否产生不安全行为
jail-term	被管理者干预后强制状态时点数
gold-p	被干预后的可能罚款数
conformity	从众系数
uaverage	本期平均收益

具体来说,who 是在 agent 按次序生成时的编号,是作为识别 agent 的唯一凭证。xcor 和 ycor 共同定义了 agent 在窗口中的位置,这也是在生成时随机赋予的位置,将影响矿工周围的工作环境。在形状中,circle 是圆形,指代矿工。由于矿工和管理者同样都是个人,所以这里设定大小都为默认,等于 1。

在决策模型中,安全行为模式的收益,和被干预后的可能罚款数并没有分类为矿工的属性,但是由于软件机理原因,心理计算的过程需要从 agent 调用数据,那么将所有能用到的数据都设定为 agent 的属性是最佳的选择。jail-term 是一个会随着时点变化的数据,如果矿工处于被强制状态时,会强制处于安全行为模式,直到变为 0,才能再次进行正常的行为决策。

决策矿工经过从众决策或推理决策后,对各个行为模式成本收益对比,最后会选择安全行为模式或者不安全行为模式。在决策模型中,就需要一个临界状态,这个状态就是指选择行为模式之前的状态,具体关系如图 6-5 所示。

但是初始临界状态是一个很短的时间,比较理想化。在实际中,矿工下井开始工作后并不会马上选择行为模式,只要是没有选择不安全行为的状态,那么就

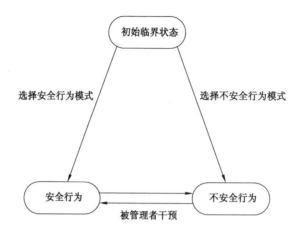

图 6-5　行为状态关系

可以看作都是处在安全行为模式下，那么在仿真平台中就可以有一个更好的表达方式，首先默认矿工都处于 quiet 状态下，这时都是处在安全行为模式。当矿工经过决策之后，如果选择不安全行为模式，则启动 active 状态，如果被管理者干预，则从 active 状态强制到 quiet 状态，那么这就只用涉及安全行为模式和不安全行为的两种模式切换，优化了计算过程，并且与决策模型计算结果一致。

② 管理者

因为本研究是以矿工的视角来进行的，所以计算过程也是在矿工，管理者的心理决策过程就不再涉及。管理者的可视化大致与矿工相同，只有颜色和形状上的不同，在此不再赘述。管理者作用主要体现在对环境和对矿工不安全行为模式的干预。管理者状态如图 6-6 所示。

（2）矿工和管理者 agent 运行代码

因为模型要用到两类 agent，所以需要在最开始

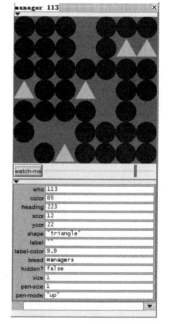

图 6-6　管理者状态

定义这两类 agent，NetLogo 软件用 breed 语句来定义 agent，代码如下：

breed［agents agent］

breed［managers manager］

其中，默认 agent 代表矿工，manager 代表管理者，agents 和 managers 是复数形式，可以用来指代所有这一类型的 agent。

定义 agent 之后就要对 agent 进行参数添加,其中,颜色、位置、形状、大小等是自带的参数,不用再进行添加,在矿工中主要添加各类收益、成本、罚金、从众系数等上文提到的参数,参数添加用 agents-own 语句。代码如下:

```
agents-own [
    reward-safe
    cost-safe
    active?
    jail-term
    gold-p
    conformity
uaverage
]
```

在定义和添加参数后,就可以进行初始化,初始化部分在之后章节再阐述,这里主要描述矿工和管理者的生成,由于仿真分析需要考虑附近管理者和附近同事的问题,所以,agent 生成的位置和数量也需要借鉴现实中的数据。

首先 agent 的数量比例设置为可以调整的两个滑块(slider),两个滑块在可视化界面可以随意进行调整,如图 6-7 所示。

图 6-7　数量和比例控制滑块

其中,initial-manager-density 是用来控制管理者密度的,initial-agent-density 是用来控制矿工密度的,这些密度被设定为变量,通过计算来决定 agent 生成的位置。

图 6-8 为其中一个滑块的具体设置,由于滑块设置比较类似,这里就以 initial-manager-density 为例介绍。其中 Global variable 是变量名称,在创建滑块等同于在代码中定义这个变量,不同的是在滑块中可以自由调整数值。Minimum 和 Maximum 为最小值和最大值,Incerment 是可以调整的最小单位值。Value 是当前选择的值,Units 是单位。

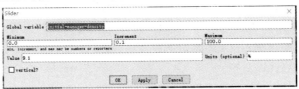

图 6-8　滑块设置

有两种 agent 的密度之后,就可以调用这两个变量来进行 agent 的生成,本研究中首先生成管理者,代码如下:

```
create-managers round (initial-manager-density * .01 * count patches) [
    move-to one-of patches with [not any? turtles-here]
    display-manager
]
```

主要用 round 语句来实现,根据密度变量生成相应数量的管理者,并且限制一定管理者范围内不再有另一个管理者,这样能使所有 agent 的位置均衡,使模型仿真更加真实可信。

生成管理者之后就要在管理者周围生成矿工,矿工的生成受密度、管理者位置和同事位置的共同影响,具体来说就是在管理者周围呈一定随机位置来分散,同时保证密度的平均,用来模拟井下分段的矿工站位。与管理者不同的是,前面定义过的参数需要在矿工生成的时候一并设定初始值,这里先将矿工生产的代码附上:

```
create-agents round (initial-agent-density * .01 * count patches) [
    move-to one-of patches with [not any? turtles-here]
    set heading 0
    set reward-safe  (max-bonus)
    set cost-safe  (max-working-time)
    set active? false
    set jail-term 0
    set gold-p random-float (max-gold-penalty)
set conformity conformity-num * 0.01
    setuaverage 0
    display-agent
]
```

前半部分生成位置与管理者类似。后面设定初始值需要用到 set 语句,set 后跟的是参数名称,然后就是参数需要设定的初始值,初始值有常数,也可以是引用滑块的变量或在变量范围内取随机值(random-float),同样甚至可以是逻辑判断值。其中括号中的四个值均是可视化界面中的滑块变量。

生成矿工和管理者之后还需要进行颜色的调整,其中 display-agent 和 display-manager 就是这个操作语句,这两个语句是相对独立的内容,在这里是属于引用,在后面需要详细定义,具体如下:

```
to display-agent
ifelse visualization = "2D"
    [ display-agent-2D ]
```

```
        〔display-agent－3D〕
  end


  to display-agent－2D
    set shape "circle"
    ifelse active?
      〔set color red〕
      〔ifelse jail-term ＞ 0
          〔set color black ＋ 3〕
          〔set color scale-color green cost-safe 1.5 －0.5〕〕
  end


  to display-manager
    set color cyan
    ifelse visualization ＝ "2D"
      〔set shape "triangle"〕
      〔set shape "person soldier"〕
  end
```

其中矿工部分的思路是首先设置形状和颜色,然后用 ifelse 语句进行逻辑判断,然后根据逻辑判断的不同结果执行不同的颜色变化语句。管理者更加简单一点,不再涉及颜色变化。

6.2.3　模型过程的实现

模型的构建需要涉及很多部分,前面 agent 模型的构建只是属于其中的一部分,而且需要说明的是从代码编写角度来说,agent 的构建并不是最开始的工作,也不是与其余部分完全分离的部分,而是完全包含在初始化和运行部分中的,只是为了方便解释才单独进行介绍。

本节同样分为前端可视化部分和代码编写部分来分开阐述,前端可视化部分包括各类窗口、滑块和监视窗的介绍。

模型的代码部分需要经历各种参数和常数的定义,模型初始化,具体运行和结果的输出及部分。

（1）模型的可视化部分

可视化部分也采用分部介绍的方法,前面已经介绍过窗口和控制 agent 密度的滑块,本节按分类介绍可视化部分。

根据决策模型各属性,仿真模型相应的设置了各变量滑块,用来设置不同的参数数据,这些数据都需要在初始化之前进行调整。其中 max-working-time 用来调整最大工作时间,从而影响心理倦怠水平;max-bonus 用来调整奖金,从而影响正向激励水平;max-gold-penalty 用来调整罚金水平,从而影响反向激励水平;conformity 用来调整从众水平,从而影响矿工是否进入心理计算过程;max-jail-time 则用来调整管理者干预不安全行为后强制矿工处于安全行为的回合数。具体各滑块如图 6-9 所示。

再设置上文介绍过的矿工和管理者密度之后,就可以进行模型的初始化,初始化主要由 setup 按钮控制,按下 setup 后就执行变量定义,按密度生成 agent 等一系列操作,同时,♯ of agent 和 ♯ of manager 窗口就可以显示当前生成了多少矿工和管理者。初始化之后的步骤是按 go 按钮来进行正式运行,也可以按 go once 按钮进行一个回合,以便精准控制运行的时点数,go 按钮的具体设置如图 6-10 所示。其中 agent 选项中的 observer 是选择以哪个视角来执行这个操作,点选 forever 之后则会无限循环这一操作除非再次点击该按钮,这也是 go 按钮和 go once 按钮的最大区别。另外 movement 开关则用来控制初始化 agent 的位置,保证在更改 agent 密度参数之外的变化之后 agent 的位置不变,控制由位置带来的变量。该部分可视化视图如图 6-11 所示。

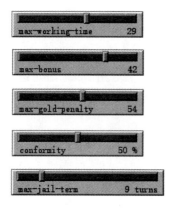

图 6-9 初始设置滑块

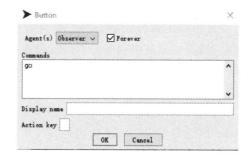

图 6-10 go 按钮设置

图 6-11 初始状态显示窗

在运行之后,所有矿工的行为模式选择都可以在窗口中观察到,但是这种结果非常不直观,不便于统计,所以就需要将计算结果输出,并在折线图中表达,更便于比较和统计。由于 NetLogo 软件不支持不同形状的曲线,而仅支持不同颜色的曲线来表达不同的 agent,同时研究也主要以不安全行为来展开,所以为了直观考虑,结果统计窗仅表现选择不安全行为模式的矿工数。结果统计窗如图 6-12 所示,其中横坐标显示当前运行的时点数,纵坐标显示当前时点数不安全行为的矿工数。右面 average number 显示所有时点选择不安全行为矿工的平均数。Average number 具体设置如图 6-13 所示,precision mean cou 2 可以分开理解,其中 cou 是记录所有时点不安全行为矿工数的列表,mean cou 代表对这个列表进行求平均值,precision mean cou 2 则代表返回将这个平均值四舍五入到小数点后 2 位的值。

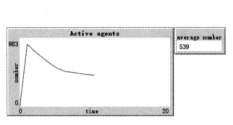 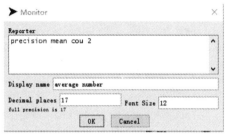

图 6-12　结果统计窗　　　　　图 6-13　Average number 设置

(2) 模型的运行代码

代码运行同样也按照上文的顺序来介绍。

① 初始化

首先是定义变量,除了可视化部分介绍的滑块定义的变量之外,还需要额外定义计算中需要用到的中间变量和辅助变量。变量的定义也要放在初始化之前,采用 globals 语句,用来定义所有的全局变量,代码如下:

```
globals [
    k
    x
    l
    a
    b
    na
    m
    n
    cou
]
```

其中 a,b 代表前景价值理论函数中的 α 和 β,na 代表 λ,cou 用来记录每个时点的不安全行为矿工数。其余变量对应决策模型中对应代号。

在定义 agent,定义变量和 agent 参数添加后就可以进入初始化,初始化用 setup 语句来实现,和可视化部分的 setup 按钮绑定,setup 语句下可以包含许多独立的语句,按照顺序来依次执行。具体如下:

```
to setup
    clear-all
    set x 0.4
    set l 15
    set a 0.88
    set b 0.88
    set na 2.25
    set m 0.8
    set n 0.8
    set cou []
    ask patches [
        set pcolor gray - 1
    set neighborhood patches in-radius vision
    ]
;; create managers
;; create agents
update-plots
end
```

clear-all 用来清除一切设置,set 语句用来给上文定义的变量进行初始赋值,其中 set cou [] 代表把 cou 指定为空列表。然后 ask patches 设置背景块的颜色和管理者视野相关数据。;; create managers 和 ;; create agents 就是 6.2 节中的矿工和管理者生成例程,update-plots 更新与结果统计窗口相关的数据,end 则代表完结整个 setup 例程。

② 选择与计算

初始化之后就是 go 语句,这也是整个模型的核心语句,包含了所有需要执行的选择与计算,下面主要是 go 的选择部分,选择之后则指向后面的计算语句,层层推进,构成整个计算过程。代码如下:

```
to go
    ask turtles [
if breed = managers [ enforce ]
    ]
```

```
ask agents [
    ifelse any? (managers-on neighborhood)
  [determine-behavior]
    [conformity-dec]
  ask agents
    [ if jail-term > 0 [ set jail-term jail-term - 1 ]
set uaverage (u-average)
    set reward-safe   random-float (max-bonus)
    set cost-safe random-float (max-working-time)
    set gold-p random-float (max-gold-penalty)
    set vaulesafe   (vaule-safe)
    set vauleunsafe   (vaule-unsafe)
]
  ask agents [ display-agent ]
  ask managers [ display-manager ]
  tick
  update-plots
end
```

第一部分,主要根据 agent 的类型以及 agent 是否被干预选择不同的行为,指向 conformity-dec,determine-behavior 和 enforce 三个计算过程。第二部分是刷新矿工的状态,包括赋予新的各类成本和收益,将被干预的矿工的 jail-term-1 和纪录本期的平均收益以作为下个时点的参考点。第三部分是根据 agent 的选择在窗口中展示不同的颜色和形状。最后,tick 让时点前进一步,进入新的时点,然后 update-plots 上传数据,end 结束语句。

首先介绍从众决策部分。根据矿工与环境交互分析,如果附近视野内不存在管理者,则矿工会根据从众系数选在是否从众,如果从众,矿工则会根据周围矿工行为模式来选择自己的行为模式,如果选择不从众,则仍然进入成本收益计算过程。代码如下:

```
to conformity-dec
  ifelse random-float 1 > conformity
  [conformity-act]
  [determine-behavior]
end
to conformity-act
  let c1 count agents with [active?]
```

```
      let c2 count agents
      ifelse c1 > (c2 - c1)
      [set active? true]
      [set active? false]
    end
```

独立的动作语句需要用 to 来定义,然后根据逻辑判断来决定是否产生不安全行为,此时也就可以将 active? 设置为 true。

然后是成本收益计算,成本收益计算如 6.1.2 节,需要经过多部分的计算,所以这一部分也是由许多相对独立的 to 语句定义的计算过程组合而来,包含各种期望收益计算,通过前景价值理论函数的计算以及上期平均收益的归集等过程。具体如下:

```
to determine-behavior
    set active? (vaule-unsafe-vaule-safe > 0)
end


to-report u-safe
    report reward-safe-cost-safe
end


to-report u-unsafe
    report cost-safe-(x * l)-(m * gold-p)
end


to-report u-asfe-average
    let U1 mean [vaulesafe] of agents
    report U1
end


to-report u-unsafe-average
    let U2 mean [vauleunsafe] of agents
    report U2
end


to-report u-average-last
    report n * u-safe-average + (1 - n) * u-unsafe-average
```

```
end

to-report u-decision-safe
  report u-safe-u-average-last
end

to-report u-decision-unsafe
  report u-unsafe-u-average-last
end

to-report vaule-safe
  ifelse u-decision-safe >= 0
  [report u-decision-safe ^ a]
  [report -na * ((-1 * u-decision-safe) ^ b)]
end

to-report vaule-unsafe
  ifelse u-decision-unsafe >= 0
  [report u-decision-unsafe ^ a]
  [report -na * ((-1 * u-decision-unsafe) ^ b)]
end
```

其中 u-safe 和 u-unsafe 分别表示安全行为和不安全行为模式下的期望收益,u-average 表示平均收益,u-average-last 表示归集的上期附近矿工的平均收益,u-decision-safe 和 u-decision-unsafe 表示各自收益减去上期期望收益的值,vaule-safe 和 vaule-unsafe 表示经过前景价值函数计算后的安全和不安全行为模式的心理价值,这两个值就是 determine-behavior 语句计算所需的最终值。

矿工经过从众或者成本收益计算选取相应的行为模式之后,就要考虑管理者对矿工的干预行为,enforce 就是针对管理者的语句,具体如下:

```
to enforce
  if any? (agents-on neighborhood) with [active?] [
    let suspect one-of (agents-on neighborhood) with [active?]
    if random-float 1 < m [
ask suspect [
      set active? false
      set jail-term random max-jail-term
```

```
            ]
            ]
        move-to suspect
    ]
end
```

主要过程是先判断管理者视野内是否有不安全行为的矿工,然后根据管理者干预概率 M 来判断是否对该矿工进行干预,如果干预则会强制使矿工处于安全行为模式,并设置 jail-term。

③ 输出结果统计

在进行一系列的选择和计算后,需要将这一个时点的结果输出,并反映在结果统计窗中,结果的统计和输出在 update-plots 这一个语句中进行,具体如下:

```
to update-plots
    let active-count count agents with [active?]
    set-current-plot "Active agents"
    plot active-count
set cou lput (active-count) cou
set n (1-(active-count / 1120))
end
```

其中,前三行的作用是统计产生不安全行为的矿工数量,然后将数量赋予到一个语句内的局部变量 Active agents 中,同时这个 Active agents 就是引用的变量,进行 plot 之后就在窗口中画出曲线。第四行是记录每一个时点的不安全行为矿工数,并把这个数加入进 cou 列表中,供计算平均数使用。最后一行是更新上个时点选择安全行为模式的矿工比例 n,用于计算上个时点的平均收益。

6.2.4 小结

(1) 首先介绍了 NetLogo 软件的语言,并简易演示了一个基本流程。

(2) 然后将 agent 建模部分从整个模型构建部分单独拆出来进行阐述,从可视化的建立和代码运行两方面,介绍了如何定义属于 agent 的参数,并且如何对参数赋值,然后是根据密度生成矿工。

(3) 最后,将模型建立的剩余部分进行介绍,主要包括变量的定义和初始化的一些实现方法,根据矿工与环境交互和成本收益计算来进行的三大计算选择语句,并将结果输出至窗口。

6.3 矿工不安全行为决策仿真及对策建议

仿真研究的主要思路就是在固定的环境下调整不同的属性数值,通过结果的对比来得出不同的影响度,然后将得出的结论结合煤炭行业现状提出对策建议。

本书根据煤矿实地调研结果,从参数上仿照现实设置出固定的环境。根据管理会计中的财务激励制度等,选取出用来调整的属性。提出的对策建议也是与这些仿真结果一一对应,并且考虑煤矿行业的现状。

6.3.1　基于管理会计的属性设置和从众系数的影响

在通过管理会计进行属性选取后,同样需要初始赋值,这样选取的属性和其余属性的初始值就共同构成了仿真的初始环境。另外不同的从众系数可能会对不安全行为的决策产生影响,所以在本节就进行从众系数的仿真,然后确定一个值也作为初始默认环境的一个组成部分。

(1)基于管理会计的属性选取

从矿工的决策模型属性,成本收益计算过程和与环境交互分析等可以看出,影响矿工的决策有很多因素,这其中既有源于矿工自身的因素,也有源于煤矿企业和作业环境等带来的因素。由于本人专业为会计,所以选取的影响因素与会计相关,主要就是从管理会计的方向出发。

与财务会计不同,管理会计涉及心理问题,这一部分的大部分研究内容就是从绩效管理出发,如何对管理者和员工进行高效率的激励是管理会计的一个重要的研究方向[265]。在煤矿企业中,由于机械化水平高和行业特殊原因,激励的许多重点就要放在安全生产方面,而不仅仅是产量。

目前包括煤矿企业在内的很多企业在绩效管理上存在很多弊端,比如只注重结果而不看过程,其实绩效一词有两层含义:一是指目标的实现程度;二是指工作行为,不可否认,管理最终的落脚点工作结果。但是结果往往具有滞后性,还受概率的干扰,这一点在煤矿安全生产中更加明显。如果决策人只关注结果而忽视过程,那么决策人就无从得知目前的结果是否是由正确的激励措施所产生的。

另一个弊端就是在方法上更倾向采用惩罚。惩罚措施可能在某些方面有一定的作用,但是前述文献中指出,矿工不安全行为的产生有其独特的复杂性。那么,在员工受教育水平逐渐提升,人口红利的降低和国家相关法律的完善的背景下,研究惩罚措施影响矿工不安全行为的效率就很有必要性。

综上所述,针对影响成本和收益的因素,本书选取企业正向激励,倦怠程度和反向激励三个属性来进行仿真分析。其中用奖金来反映正向激励水平,用工作时间来反映倦怠程度,用罚款措施来反映反向激励水平。其中奖金水平和罚金所取的都为最大值,由 6.2 节代码可知均为在最大值一定范围内取随机值。

除了影响成本和收益的因素之外,也有很多因素同样会对不安全行为的产生有作用,同时也有利于企业根据这一因素来进行管理,其中有从众效应,煤矿企业可以从加强安全教育的方面来抑制从众效应。

（2）初始参数的设置

由于仿真的过程要模仿真实的矿工工作过程，同时也要求结果具有实用性，所以参数的初始值依据陕西 SN 矿业有限责任公司实地调研数据和以前学者的研究设置，这样利用计算机仿真软件的优势，就可以克服煤矿研究客观条件的限制，根据初始参数进行调整来模拟不同的环境。

根据煤矿调研结果，设置矿工分布占格密度 70％，管理者分布占格密度 8％。这样矿工与管理者的比例如实际一样，为了使仿真结果便于观察，这里对矿工和管理者的数量都进行了等比例的放大。

初始矿工的工作环境是一个良性的环境，由于第一时点的仿真没有上一时点的参考点，依据实际设置矿工初始安全行为选择比例为 80％。管理者干预概率设置为 70％，矿工不安全行为被管理者干预后随机取值 1 到 4 轮被强制处于安全行为状态，不会再产生不安全行为。矿工不安全行为导致事故发生概率设为 40％，不安全行为导致的事故损失设为 15，风险态度认知系数 $\alpha = \beta = 0.88$，$\lambda = 2.25$。

首先研究的是从众系数对不安全行为的影响，选择从众的矿工不会再进行成本收益计算，这里将管理会计相关的三个值均设为正常值。部分初始参数设置见表 6-3。

表 6-3   **初始参数设定**

参数	值
矿工 agent 数量	1 120
管理者数量	128
R_1	22
C_1	25
R_2	25
X	0.4
L	15
N	0.8
M	0.7
G_P	20

（3）从众系数的影响

从模型可以看出，通过从众进行决策的矿工，行为的选择都是根据环境来决定然后再进一步影响环境，单纯的从众系数的高低并不能判断对于行为模式的影响。所以为了验证从众系数的影响,需要设置极端环境来更直观地验证从众系数的作用。这里设置两个环境来研究。

① 初始环境差,安全模式收益大

在这个环境下,初始默认所有矿工的行为是不安全行为,成本收益计算中,安全行为模式的心理价值比较大,这样整体环境变化是在成本收益计算后回归良性,根据第 6.1 节内容,选取高中低三个层次从众系数各为 10％、50％、70％来进行仿真 300 回合,这样能够直观地观察矿工偏向安全行为模式的情况下,不同的从众系数对矿工决策的宏观影响,仿真得到图 6-14。

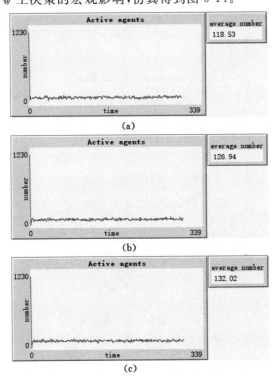

图 6-14　从众系数变化的影响

(a) 从众系数 10％;(b) 从众系数 50％;(c) 从众系数 75％

左框中,横坐标为运行的时点数,纵坐标数据为产生不安全行为矿工数的最大值;右框为 300 个时点内矿工不安全行为的平均值。

从图 6-14 可以看出,从 10％到 50％的从众系数下,从众系数增加了 0.4,产生不安全行为的矿工数的平均值有所增加,从 118.53 增加到了 126.94,增加了8.41。从 50％到 75％,从众系数增加了 0.25,平均值同样继续增加,增加到132.02,增加了 5.08。

在这个极端的情况下可以看出,当通过成本收益计算倾向于安全行为模式时,较低的从众系数能够有助于抑制不安全行为的产生。

② 初始环境优,不安全模式收益大

在这个环境中,默认所有的员工初始为安全行为模式,在成本收益计算中不安全行为模式的心理价值更大,在经历成本收益计算后,产生不安全行为矿工的数量会变多,同样选取高中低三个层次从众系数各为 10%、50%、70%来进行仿真 300 回合,仿真后得到图 6-15。

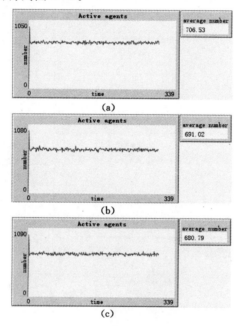

图 6-15　从众系数变化的影响

(a) 从众系数 10%;(b) 从众系数 50%;(c) 从众系数 70%

从 10%到 50%,从众系数增加了 0.4,平均值从 706.53 降低到 691.02,降低了 15.51;从 50%到 75%,从众系数增加了 0.25,平均值降低至 680.79,降低了 10.23。

从图 6-15 的变化可以看出,在这个环境下,从众系数越高,越能抑制不安全行为的产生,而且同样的系数变化,相比于初始环境差的情况,对不安全行为的抑制更为明显。

具体分析,由于井下信息传播的闭塞,矿工从众选择的环境往往会依赖上一个时点的综合情况,如果环境的趋势与当前环境不一致,高从众系数往往会抑制这种趋势的产生。虽然不同的从众系数能够抑制不安全行为的产生,但是这种抑制作用是要结合环境的,并不能单独证明某一水平的从众系数能够抑制不安全行为的产生。

根据企业实地调查情况,目前井下矿工选择安全行为的比例为 80%,所以是一个比较优良的环境,那么在这种环境下,维持一个较高的从众系数是管理者干预之外的一个良好的补充措施。

6.3.2　矿工行为决策仿真

在初始参数设置和从众系数的仿真后,就可以确定针对管理会计的三个因素来进行仿真的参数环境,上文中这三个初始参数为了模拟极端环境进行了调整,在本节研究中的数据将奖金水平和罚金初始值都设置为 20,工作倦怠根据公式(6-1)按照 8 小时计算,压力增长率取 4%,初始值取 5,得到值为 20.5,从众系数根据上文结果选取 50%比较适宜仿真分析。那么初始值设置见表 6-4。

表 6-4　　　　　　　　　　　　　　初始参数值

参数	值
R_1	20
C_1	20.5
R_2	20.5
G_P	20
Conformity	50%

关于这三个影响因素的调整,首先根据这些值选取一个较小的值,然后选取一个适中的值,最后选取一个较大值。三个值均运行 300 回合。

(1)正向激励水平对不安全行为的影响。

煤矿企业对一定期间无不安全行为的矿工的奖金是影响矿工安全行为期望收益的主要因素,从公式(6-2)可以看出,通过增加安全行为收益可以增加安全行为期望收益,最终通过影响成本和收益来影响行为决策。初始参数奖金水平是 20。首先取值 15,运行得到图,然后将奖金水平增加到 20,运行得到图,最后将奖金水平增加到 30,运行得到图,如图 6-16 所示。

从图 6-16 可以看出,将奖金水平从 15 升高至 20 后,无论是最大值和平均值均有所下降,其中最大值由 1 070 降至 923,平均值由 378.07 降至 313.74,下降了 64.33。当奖金水平升高至 30 后,这两个值依然下降,其中平均值下降至 195.9,下降了 117.84。

具体分析,由于奖金水平通过影响成本收益计算中的收益来影响决策,所以进入成本收益计算阶段的矿工选择不安全行为模式的数量就减少了,那么反映在窗口中就是产生不安全行为的矿工密度减小,所以矿工最大值会减小。密度减小也会影响矿工从众的环境的判断,从而减小监管死角不安全行为的传播距

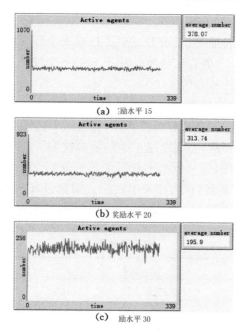

图 6-16　奖励水平变化的影响
(a) 奖励水平 15；(b) 奖励水平 20；(c) 奖励水平 30

离。因为再继续增加会导致安全行为模式的心理价值越来越大，所以从众效应会对这一正向激励有一定的抑制，但是抑制的量相对较小。这个结果说明正面的激励对矿工在行为模式决策有一定的影响，煤矿企业可以结合成本考虑适度增大安全生产的奖励水平，从而抑制不安全行为的产生。

（2）工作时间对不安全行为的影响

虽然现在井下作业机械化水平很高，但是井下工作噪声、光线等因素造成工作环境十分压抑，会造成很大的心理倦怠度。通过公式(6-1)可以看出工作时间的累加会对工作倦怠度影响越来越大，而且从成本收益计算公式来看，倦怠水平不仅是安全行为模式的成本，同样是不安全行为模式的心理收益，所以工作时间会从两个方面共同影响不安全行为的产生。本研究中的工作时间从井下工作交接班开始和结束，目前煤矿基本按照 8 小时的工作制度严格执行，这一部分的意义主要在验证这一制度以及模型的合理性。由于软件限制，倦怠度的计算不在仿真中计算，其中压力增长率取 4%，初始值取 5，6 小时的倦怠度为 19，8 小时的倦怠度为 20.5，12 小时的倦怠度为 24。

首先把奖金水平调回初始的 20，将工作时间设定为 6 小时，然后将工作时间设定为 8 小时，最后将时间设定至 12 小时，其中 12 小时的意义主要在验证井下超时工作的危害性。三个设置得出的影响如图 6-17 所示。

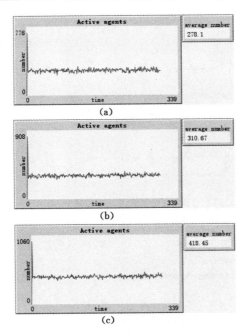

图 6-17　工作时间变化的影响

(a) 工作时间 6 小时；(b) 工作时间 8 小时；(c) 工作时间 12 小时

从图 6-17 可以看出，从 6 小时到 8 小时，工作时间增加 2 个小时，不安全行为曲线的最高值和平均值均有所升高，其中最高值从 776 升至 980，平均值由 278.1 升至 310.67，升高了 32.57。将时间再增加 4 个小时至 12 小时后，可以看到最大值到达了 1 060，平均值更是到达了 418.45，升高了 107.78。

从 6 小时到 8 小时来看，矿工因心理倦怠度增加而产生更多的不安全行为，说明工作时间从两个行为模式对不安全行为产生的影响都很大，但是这一增长幅度处在正常的可控范围内。然后再将时间加 4 个小时之后，平均值却翻了 3 倍之多。因为工作倦怠度的增长是随着时间指数累计增长的，并且能同时影响两个行为模式的多个成本与收益，所以工作时间所带来的倦怠程度对不安全行为的产生的影响是多方面的，那么将工作时间维持在一个合理的区间是很有必要的。

（3）反向激励水平对不安全行为的影响。

反向激励主要通过罚金来表现，从公式(6-3)来看罚金与事故损失一起影响矿工不安全行为模式的收益，同时罚金数还受管理者干预概率的影响。将管理者干预概率维持在默认的 70%。首先将罚金减至 15，然后将罚金提高至 20，最后将罚金提高至 30，得出图 6-18。

从 15 到 20，对不安全行为的产生有抑制作用，平均水平值从 367.1 降至

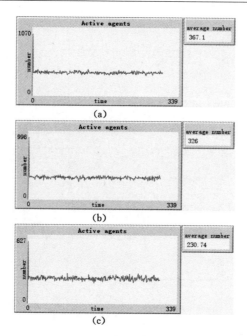

图 6-18　罚金水平变化的影响

(a) 罚金水平 15;(b) 罚金水平 20;(c) 罚金水平 30

326,降低了 41.1,低于同等奖金水平变化的 64.33;最大值从 1 070 降至 996,降低了 74,所以相对于正面激励的奖金,对不安全行为的抑制作用并不明显。将罚金提升至 30 后,最大值降到 627,平均水平值从 326 降到 230.74,降低了 95.26,同样低于同等奖金水平变化的抑制作用。

具体分析,罚金水平影响不安全行为的方式与奖金水平类似,但是由于有干预概率和事故损失等因素共同影响收益,所以相对奖金水平并不明显。另外前面写到,目前煤矿企业相对于奖金更愿意采用罚金的方式来抑制不安全行为,所以罚金的基数要高于奖金的基数。因为矿工工资是有限的,需要考虑到国家最低工资标准,劳动者权益以及目前矿工招聘难度,像仿真中将罚金提高 2 倍多几乎是不可能的举措了。所以罚金在现实条件下对矿工不安全行为的影响还是有限的。

6.3.3　抑制不安全行为的建议

模型中有两种途径导致矿工选择不安全行为模式,仿真中对这两种模式进行了不同的分析,那么本书也针对这两方面的结果,从管理会计的角度出发同时考虑煤矿企业的可操作性,从而提出建议,供煤矿企业管理使用。

(1) 针对从众的建议

从众对矿工行为决策的影响应该从两方面来进行,考虑到目前井下的工作环境以良性为主,所以需要维持一个较高的从众系数。那么首先需要保证矿工之间良好的交流,其次是加强安全教育。

① 加强矿工之间的交流

矿工能够从众的前提就是能与周围矿工进行交流,这样才能收集到附近矿工的行为信息。在模型的仿真分析中也能看出,在初始环境良性的情况下,高从众系数能抑制不安全行为的产生,那么加强矿工的交流无疑是可以抑制不安全行为的。另外,矿工之间的交流也有助于舒缓工作压力,减轻矿工安全行为模式下的成本和不安全行为模式下的收益,同样可以抑制不安全行为。

② 加强安全教育

加强安全教育可以提高员工的安全意识,牢固安全第一的生产理念,增强矿工辨别危险源的能力。在企业层面,可以从标语、广播等方面着手,强化宣传突出表现的个人,让优秀矿工能够影响到身边的更多人。另外可以组织安全知识竞赛、技能比赛等多样化的活动,加强安全教育的接受程度,做到使矿工喜闻乐见。在生产队层面,一定要保证定期安全学习和总结会议的质量,避免流于形式。组队长要认真总结生产中出现的各种情况,并让违规矿工亲自陈述自己的不安全行为,加强自我反省。

同时,安全教育也能改变矿工对安全行为模式下的成本和不安全行为模式下的收益价值判断,较高的安全意识能让倦怠度对矿工的价值计算产生较小的影响。

(2) 针对成本收益的建议

除了上述能对从众和成本收益共同影响的建议外,还有根据仿真结果,能直接影响各类成本和收益的措施。

① 适度提高奖励水平

从仿真结果来看,奖励水平通过矿工成本收益计算,对矿工行为的决策影响巨大,所以煤矿企业在较合理的利润水平下,可以适度提高奖励水平。因为不安全行为是导致事故的主要因素,所以应提升按照安全生产条例奖金在安全投入中的优先级,从而从不安全行为产生的根源上解决问题,降低生产事故的发生,保障煤矿生产合理有序地进行。

② 严格维持合理的工作时间

从仿真结果来看,目前煤矿通行的 8 小时工作制是一个比较合理的工作时间,企业应该严格遵守国家法律,保证矿工的权益,严禁超时工作。另外,研究中的工作强度系数固定在了中等水平,所以针对采矿的不同工作强度的各环节,可以在较强的工作强度情况下酌情缩减井下工作时间,保证矿工的倦怠度在一个合理的水平。

③ 慎用提升罚款的方式

　　根据公式,罚款、管理者安全监督有效性和事故造成的损失共同决定了不安全行为模式的成本。从仿真结果来看,罚款对不安全行为的抑制并不如奖金水平。前文也说过,由于管理方式,煤矿目前的罚款已经处于比较高的水平,同时综合国家法律限制,劳动者权益和矿工招聘现状等考虑,过多地提升罚款也并不是一个现实的方法。另外,罚金会使矿工产生抵触情绪,还有可能造成贿赂管理者的行为,不利于井下工作的开展。

　　④ 提高基层管理水平

　　针对罚款对于不安全行为的抑制程度,可以从提升基层管理者的安全监督有效性方面来进行,让煤矿企业的罚款水平能产生最大的效果。煤矿企业要在各级推进安全责任制度,使得生产过程中各环节都能严格遵守相关的规章制度,尤其是组队长要自身有安全生产的意识,能够详细了解自己所管理的队伍,在企业相关条例范围内的执行一定要严格,保证安全监督有效性。

6.3.4　小结

　　(1)根据煤矿企业现状,进行初始参数的设置,这些参数将用于从众系数的仿真,也作为后续仿真未调整前的默认值。

　　(2)结合管理会计,便于企业管理和会计相关的角度,从正向激励、反向激励和工作时间三个因素进行仿真研究,得出不同的影响度。

　　(3)根据仿真分析的结果,结合煤矿行业现状,提出适宜煤矿企业进行安全生产管理的建议和措施。

第7章 结 论

　　煤炭企业的安全问题一直是学术界关注的热点,对煤炭企业矿工的管理尤为重要。因此,矿工不安全行为研究已经成为学术界和理论界预防安全事故研究的方向之一。本研究打破了常规的研究思路,为煤炭企业提供管控新思路,预防安全事故,助力安全生产,实现战略目标。本书主要得出以下研究成果:

　　(1)通过扎根理论的运用找到矿工内部控制关键点,证实了内控点与不安全行为之间的相关关系

　　通过对企业内部控制理论的深入研究,在对我国企业内部控制规范的基础上分析了内部控制五要素的构成及含义,得出寻找内部控制关键点的维度。通过对矿工实地访谈得到研究所需的数据,引入扎根理论对数据进行深度分析整理,初步识别出矿工不安全行为的五个内部控制关键点,分别是:团队建设、风险感知、群体氛围、安全监督、安全管理。基于五个内控点和相关文献对本书研究提出12个相应的假设。基于研究假设设计相应的调查问卷,发放问卷,应用因子分析法分析出矿工不安全行为内控点分别是团队建设、风险感知、群体氛围、安全监督、安全管理,在此基础上分别构建矿工不安全行为内控点测度模型,通过实证分析表明,本书建立的测度模型具有良好的信度和效度。通过SPSS21.0软件对矿工不安全行为内控关键点和不安全行为的问卷进行项目分析及信度和效度检验,然后通过SPSS线性回归模型进行验证,得到如下结论:

　　① 团队建设与矿工不安全行为呈负相关关系,组织结构、企业文化均与矿工不安全行为呈负相关关系;

　　② 风险感知与矿工不安全行为呈负相关关系,且矿工个体安全意识、安全知识、安全习惯均与矿工不安全行为呈负相关关系;

　　③ 沟通渠道与矿工不安全行为呈负相关关系,且成员间的沟通、信息接收方式、成员间的关系均与矿工不安全行为呈负相关关系;

　　④ 安全监督与矿工不安全行为呈负相关关系,且安全规程、安全考核均与矿工不安全行为呈负相关关系;

　　⑤ 安全管理与矿工不安全行为呈负相关关系,且奖惩制度、教育与培训均与矿工不安全行为呈负相关关系。

　　(2)构建不安全行为影响因素的测量指标,证实了不安全行为成本和收益

各维度与不安全行为之间的相关关系

在梳理并总结国内外关于成本收益的研究成果上，从理论上分析了不安全行为成本和不安全行为收益的构成。通过设计相应的调查问卷并在大量调查研究的基础上，应用因子分析法识别出不安全行为成本的 3 个要素，分别是风险成本、预备成本和实施成本，不安全行为收益的 2 个要素，分别是精神收益和物质收益，在此基础上构建矿工不安全行为成本、不安全行为收益测度模型，并且通过实证分析表明，建立的测度模型具有良好的信度和效度。其次进行深入研究，通过大样本分析，支持了相关假设，得到各类假设的验证结果见表 7-1。

表 7-1　　不安全行为成本和收益对不安全行为的假设验证结果

假设编号	假设内容	检验结果
H1a	风险成本与不安全行为呈负相关	成立
H1b	预备成本与不安全行为呈负相关	成立
H1c	实施成本与不安全行为呈负相关	成立
H2a	精神收益与不安全行为呈正关系	成立
H2b	物质收益与不安全行为呈正关系	成立

从上表可以看到，在控制了年龄、教育水平变量之后，矿工不安全行为成本、不安全行为收益对不安全行为具有较强的预测作用。不安全行为成本的风险成本、预备成本、实施成本 3 个维度对不安全行为存在负向影响；不安全行为收益的精神收益、物质收益 2 个维度对不安全行为存在正向影响。

① 风险成本的提高对不安全行为的发生起到抑制作用。风险成本主要表现在经济制裁、惩处力度等方面，当企业提高惩处力度，扩大制裁范围，矿工就会在工作中注意其行为，相应地减少不安全行为的发生，可见，风险成本表现出较好的抑制作用。

② 预备成本的提高可以预防不安全行为的发生。预备成本更多体现在基层管理人员对不安全行为的认识上，如果其在工作中能严于自律，从自身做起，减少犯错误的可能性，那么相应地就会减少不安全行为的发生，可见，预备成本对不安全行为起到反作用。

③ 实施成本有助于减少不安全行为的发生。实施成本主要表现为企业是否存在完善的监管机制，是否将所有的不安全行为处在"阳光下"，如果监控机制能较好地监管矿工行为，那么矿工就会对其行为收敛，以减少不安全行为发生。可见，实施成本的提高有利于减少不安全行为。

④ 精神收益会增加不安全行为的发生。矿工通过实施不安全行为，在获得非正常收入的同时，降低劳动投入，使其精神压力得到释放，从而触发更多不安

全行为的发生。

⑤ 物质收益是矿工发生不安全行为的直接收益。矿工实施不安全行为更多的是获得经济奖励和其他物质激励,这是其主要出发动机。矿工通过实施不安全行为,超额完成工作量,提前完成工作任务,从而获得更多报酬,该收益会刺激矿工实施下一次的不安全行为,因此,物质收益会引起不安全行为的发生。

(3) 对矿工不安全行为进行成本收益分析,对主体间的利益冲突进行博弈分析验证

通过基于实际考虑多元利益主体对其行为影响,并对数据进行仿真演化及案例分析以验证研究。

① 矿工不安全行为的产生可以从经济学角度进行分析。以成本收益理论为基础,通过期望理论及前景理论对矿工不安全行为产生的决策模型进行分析,从济学视角下揭示其行为内在机理。

② 矿工不安全行为受多元利益主体影响。前景理论模型中决策权重受多方面因素影响,根据复杂适应系统理论,将众多因素分为矿工、组织、群体和管理者四个主体并进行多主体建模;其次,根据系统动力学原理对导致矿工不安全行为产生的因素绘制反馈图。

③ 多主体利益的冲突产生博弈行为。在考虑到群体主体的特殊性,将博弈划分成三方博弈与四方博弈,并从博弈论角度指出命题1是最优均衡,实现了三方利益主体参与;命题2和命题3不是理想的纳什均衡;而命题4虽未实现三方参与,但从现实角度来看是最优均衡,实现了矿工和管理者相互协调的良好氛围。此外,四方博弈验证了群体良好的安全氛围可以增加不安全行为的监管,减少不安全行为的模仿,从而促进组织和管理者主体利益共赢,进而提高了企业安全管理水平。因此,企业为了提高安全生产效益,应努力创造条件达到命题1的均衡,带均衡条件成熟后,不再积极安全投入,最终形成管理者监管下,群体安全氛围引导的矿工安全生产行为。

④ 数据仿真及案例分析。为了更好地对多主体博弈分析的有效性进行说明,将通过调研及文献获取的数据带入函数公式,采用 MATLAB 进行仿真,进一步说明三方博弈结论的合理性。此外,通过对案例进行分析,充分说明四方博弈中群体对矿工行为影响的重要性。

⑤ 基于多元利益主体的矿工安全行为对策。由实证分析得到启示,以博弈研究为依据,建立一种内部多主体利益达到稳定的矿工安全行为的机制;其次,从外部环境角度考虑,构建多主体利益共同体,形成矿工趋向安全行为的动力源。总之,提高矿工安全行为收益,减少其不安全行为的产生。

(4) 建立矿工行为决策模型,并通过仿真分析

本书通过文献梳理和理论阐述整理了对矿工不安全行为产生的各类影响因

素和矿工不安全行为产生的过程,构建了矿工不安全行为决策模型,通过仿真分析得出不同的影响因素对矿工不安全行为产生的影响,主要如下:

① NetLogo 软件能够反映矿工不安全行为决策。矿工的行为决策会经过从众或者心理价值计算,其中基于成本收益的心理价值计算是决策的核心,所建立的仿真模型可以描述这两个路线的决策过程,同时,基于管理会计的影响因素的提出,既可以反映个体矿工,也可以反映群体矿工的决策。为研究不安全行为提供了新的工具。

② 从众系数可以影响不安全行为。仿真有效地表现了从众系数对不安全行为的影响,从众系数对不安全行为的影响不能单独来说,要结合具体的环境。在初始环境不安全行为较多,成本收益分析中安全模式收益大的环境下,低从众系数可以有效地抑制不安全行为的产生。在初始环境安全行为较多,成本收益分析中不安全模式收益大的环境下,高从众系数可以有效地抑制不安全行为的产生。综合来看,较低的从众系数不易受环境的影响,矿工能够通过成本和收益的计算来选择行为。较高的从众系数会更多受环境的影响,因而减弱成本收益计算的影响。所以从众系数是否有利要根据井下的工作环境来看。另外,对比发现,从众系数相对直接调整成本收益参数对行为选择的影响较弱,从众效应只能减缓行为选择的趋势,并无法彻底改变整个行为选择的趋势。在目前的行业现状下,较高的从众系数比较有利于安全生产。

③ 正向激励相对反向激励能更好地抑制不安全行为。从模式来看,奖金水平能直接影响成本收益计算,而罚金水平需要与管理者监督有效性、造成事故的后果来一起影响计算过程。仿真的结果也同样证明了正向激励是一个更好的措施,同数值的变化,正向激励要比反向激励能更多地抑制不安全行为的产生。对于煤矿企业来说,目前已经过高的罚金水平、劳动者权益的保护、国家法律的限制、矿工招募难度以及过高的罚金带来矿工可能的逆反心理都不利于企业正常生产的进行,所以综合来看,正向激励相对于反向激励更有利于企业进行不安全行为的抑制,从而保障安全生产。

参 考 文 献

[1] 李琰,赵梓焱,田水承.矿工不安全行为研究综述[J].中国安全生产科学技术,2016,12(8):47-54.

[2] 何大安.行为经济学基础及其理论贡献评述[J].商业经济与管理,2004(12):4-10.

[3] 肖斌.经济学与心理学的融合——行为经济学述评[J].当代经济研究,2006(7):23-26.

[4] 李琰,于瑾慧.矿工不安全行为成本和收益因素识别与分析:基于扎根理论的探索性研究[J].中国安全科学学报,2017,27(9):152-157.

[5] RIGBY L. The Nature of Human Error[M]. Milwaukee:Annual Technical Conference Transactions of the ASQC,1970.

[6] SWAIN A D,GUTTMANN H E. Handbook of human-reliability analysis with emphasis on nuclear power plant applications [R]. United States:Nuclear Power Industry,1983.

[7] REASON J. Human Error[M]. Cambridge,UK:Cambridge University Press,1990:2-35.

[8] SENDERS J,MORAY N. Human Error:Cause,Prediction,and Reduction[M]. Hillsdale:Lawrence Erlbaum Associates,1991.

[9] THEMES. Report on updated list of methods and critical description[R]. JSAE Review,2001.

[10] XU Z Q,WANG H Q. Identify Unsafe Behavior Proneness Coal Miner:A Fuzzy Analogy Preferred Ratio Method[M]. Berlin:Springer-Verlag,2014:523-530.

[11] 孙淑英.家具企业实木机加工作业安全行为研究[D].南京:南京林业大学,2008.

[12] 李磊,田水承,邓军,等.矿工不安全行为影响因素分析及控制对策[J].西安科技大学学报,2011,31(6):794-798,813.

[13] 刘双跃,陈丽娜,周佩玲,等.矿工不安全行为致因分析及控制[J].中国安全生产科学技术,2013,9(1):158-163.

［14］田水承,刘芬,杨禄,等.基于计划行为理论的矿工不安全行为研究［J］.矿业安全与环保,2014,41(1):109-112.

［15］李磊.矿工不安全行为形成机理及组合干预研究［D］.西安:西安科技大学,2014.

［16］程恋军,仲维清.安全监管影响矿工不安全行为的机理研究［J］.中国安全科学学报,2015,25(1):16-22.

［17］周刚,程卫民.人因失误与人不安全行为相关原理的分析与探讨［J］.中国安全科学学报,2008,18(3):10-14.

［18］车丹丹.矿工警觉度对不安全行为的影响研究［D］.西安:西安科技大学,2017.

［19］陈明利,宋守信.多视角下个体不安全行为分析及演变研究［J］.生产力研究,2012(5):213-216.

［20］ASKARIPOOR T,JAFARI M J. Behavior-based safety,the main strategy to reduce accidents in the Country:A case study in an automobile company［J］. Toloo-e-behdasht,2015(6):144-153.

［21］陈冬博.煤矿矿工敬业度与不安全行为关系研究［D］.太原:太原理工大学,2015.

［22］高平,傅贵.一起重大煤矿顶板事故行为原因研究［J］.矿业安全与环保,2014,41(6):110-114.

［23］李乃文,牛莉霞.矿工工作倦怠、不安全心理与不安全行为的结构模型［J］.中国心理卫生杂志,2010,24(3):236-240.

［24］国家标准局.企业职工伤亡事故分类标准:GB 6441—1986［S］.北京:中国标准出版社,1986.

［25］HURTS K,VERSCHUUR W L. Modeling safe and unsafe driving behaviour［J］. Accident Analysis and Prevention,2008,40(2):644-656.

［26］田水承,寇猛.不同年龄组矿工安全行为能力的差异研究［J］.中国安全生产科学技术,2015,11(10):179-184.

［27］佟瑞鹏,陈策.煤矿组织安全行为对个体不安全行为的作用机理研究［J］.中国安全生产科学技术,2015,11(12):40-45.

［28］PRAMOD KUMAR. Categorization and standardization of accidental risk-criticality levels of human error to develop risk and safety management policy［J］. Safety Science,2016,85(1):88-98.

［29］牛莉霞.安全领导、安全动机与安全行为的结构方程模型［J］.中国安全科学学报,2015,25(4):23-29.

［30］赵曾行.从矿难频发看政府责任［J］.法制与社会,2010(14):139-140.

[31] 沈费伟.矿难频发的原因与对策研究:基于地方政府安全生产责任的视角[J].中国矿业,2013,22(7):22-25.

[32] 田水承,李磊.基于 BioLAB 的矿工不安全行为与噪声关系试验研究[J].中国安全科学学报,2013,23(3):10-15.

[33] 梁振东.人口统计学特征与不安全行为及其意向的关系研究[J].中国安全生产科学技术,2014,10(1):46-52.

[34] 李琰,李芳,李红霞.矿工社会网络结构对煤炭企业安全文化影响分析[J].煤矿安全,2014,45(5):224-227.

[35] 田水承.基于灰色关联分析的煤矿险兆事件致因分析[J].煤炭技术,2015,34(3):334-336.

[36] JANE MULLEN. Investigating factors that influence individual safety behavior at work[J]. Journal of Safety Research,2004,35(3):275-285.

[37] HOFMANN STEZER. The role of safety climate and communication in accident interpretation: implications for learning from negative events [J]. Academy of Management Journal,1998,141(6):644-657.

[38] GUASTELLO P,DIZADJI D. The psychosocial variables in accidents: a process model (stress, locus of control, anxiery, safety, manufacturing) [D]. Chicago: University of Chicago,1986.

[39] KOHDA T,NOJIRI Y, INOUE K. Root cause analysis of CO accident based on decision-making model[C]//Frontiers,Science Series,2000:1-4.

[40] 郭民,郁钟铭.人员不安全行为对构建本质安全型矿井的影响分析[J].煤矿安全,2010(10):115-118.

[41] 郭彬彬.煤矿人的不安全行为的影响因素研究[D].西安:西安科技大学,2011.

[42] 梁振东,刘海滨.个体特征因素对不安全行为影响的 SEM 研究[J].中国安全科学学报,2013,23(2):27.

[43] 田水承,薛明月,李广利,等.基于因子分析法的矿工不安全行为影响因素权重确定[J].矿业安全与环保,2013,40(5):113-116.

[44] 田水承,李停军,李磊,等.基于分层关联分析的矿工不安全行为影响因素分析[J].矿业安全与环保,2013,40(3):125-128.

[45] 阴东玲,陈兆波,曾建潮,等.煤矿作业人员不安全行为的影响因素分析[J].中国安全科学学报,2015,25(12):151-156.

[46] 韩豫,梅强,刘素霞,等.建筑工人习惯性不安全行为形成过程及其影响因素[J].中国安全科学学报,2015,25(8):29-35.

[47] 杨洁.民航维修人员不安全行为影响因素实证研究[D].天津:中国民航大

学,2016.

[48] 何刚,余保华,朱艳娜,等.基于网络结构模型的矿工不安全行为影响因素研究[J].煤矿安全,2017,48(3):227-229.

[49] 杨佳丽.煤矿员工不安全行为影响因素及其管理策略研究[D].太原:太原理工大学,2017.

[50] UEN Y H,LIN S R,WU D C,et al. Prognostic significance of multiple molecular markers for patients with stage Ⅱ colorectal cancer undergoing curative resection[J]. Annals of Surgery,2008,246(6):1040-1046.

[51] GLENDON A I,MCKENNA S P,HUNT K,et al. Variables affecting cardiopulmonary resuscitation skill decay[J]. Journal of Occupational Psychology, 2011,16(61):243-255.

[52] PAN C L,YANG Z H,XIAO-FANG H E. The study of non-coal mine unsafe behavior based on Du Pont STOP system and behavior safety theory[J]. Journal of Safety Science & Technology,2014,10(5):174-179.

[53] VISAGIE J,SWANEPOEL J,UKPERE W I. Exploration of psychosocial risk and the handling of unsafe acts and misconducts in the workplace[J]. Mediterranean Journal of Social Sciences,2014,20(5):997-1012.

[54] 李英芹.基于行为测量的煤矿人的不安全行为控制研究[D].西安:西安科技大学,2010.

[55] 梁涛.机动车驾驶员视频图像疲劳检测算法研究[D].西安:西安工业大学,2013.

[56] 李红霞,任家和.基于ISM法的矿工不安全行为影响因素分析[J].煤炭技术,2017,36(8):296-298.

[57] 王心怡.矿工安全氛围感知与安全意识的关系[D].芜湖:安徽师范大学,2013.

[58] 田水承,郭彬彬,李树砖.煤矿井下作业人员的工作压力个体因素与不安全行为的关系[J].煤矿安全,2011,42(9):189-192.

[59] 田水承,管锦标,魏绍敏.煤矿人因事故关系因素的动态灰色关联分析[J].矿业安全与环保,2005,32(4):69-71.

[60] 曹庆仁,李爽,宋学锋.煤矿员工的"知—能—行"不安全行为模式研究[J].中国安全科学学报,2007,17(12):19-25.

[61] 张玉婷.矿工特质焦虑状况与不安全心理相关性研究[D].太原:太原理工大学,2015.

[62] 赵泓超.基于生理—心理测量的矿工不安全行为实验研究[D].西安:西安科技大学,2012.

［63］王莉.大五人格特质与矿工工作倦怠的关系研究［J］.中国安全科学学报，
2015,25(5):20-24.

［64］陈东博.煤矿井下作业人员沟通满意度与不安全行为关系研究［J］.煤矿安
全,2015,46(3):218-221.

［65］薛韦一,刘泽功.组织管理因素对矿工不安全心理行为影响的调查研究
［J］.中国安全生产科学技术,2014,10(3):184-190.

［66］曹庆仁,李凯,李静林.管理者行为对矿工不安全行为的影响关系研究［J］.
管理科学,2012,24(6):69-78.

［67］胡艳,许白龙.工作不安全感、工作生活质量与安全行为［J］.中国安全生产
科学技术,2014,10(2):69-74.

［68］陈卓.隧道施工安全氛围与作业人员不安全行为的关系探讨［J］.工程技术
研究,2017,11(10):164-165.

［69］成家磊,祁神军,张云波.组织氛围对建筑工人不安全行为的影响机理及实
证研究［J］.中国安全生产科学技术,2017,13(11):11-16.

［70］WILSON-DONNELLY K A, PRIEST H A, SALAS E, et al. The impact
of organizational practices on safety in manufacturing: A review and reap-
praisal ［J］. Human Factors and Ergonomics in Manufacturing & Service
Industries,2005,15(2):133-176.

［71］MORROW S L,MC GONAGLE A K,DOVE-STEINKAMP M L,et al.
Relationships between psychological safety climate facets and safety be-
havior in the rail industry: A dominance analysis［J］. Accident Analysis
& Prevention,2010,42(5):1460-1467.

［72］BOSAK J, COETSEE W J, CULLINANE S J. Safety climate dimensions
as predictors for risk behavior［J］. Accident Analysis& Prevention,2013,
55(6):256-264.

［73］O'CONNOR P,O'DEA A,KENNEDY Q,et al. Measuring safety climate
in aviation: A review and recommendations for the future［J］. Safety Sci-
ence,2011,49(2):128-138.

［74］陈沅江,洪涛,张羚.矿井作业人员不安全行为发生机理研究［J］.煤矿安
全,2016,47(11):238-240.

［75］KUNAR B M,BHATTACHERJEE A,CHAU N. Relationships of job
hazards, lack of knowledge, alcohol use, health status and risk taking
behavior to work injury of coal miners: A case-control study in India［J］.
Journal of Occupational Health-English Editon,2008,50(3):236.

［76］NEAL A,GRIFFIN M A,HART P M. The impact of organizational climate on safety climate and individual behavior[J]. Safety Science,2000,34 (1):99-109.

[77] ZOHAR D,LURIA G. The use of supervisory practices as leverage to improve safety behavior:A cross-level intervention model[J]. Journal of Safety Research,2003,34(5):567-577.

[78] 叶新凤.安全氛围对矿工安全行为影响——整合心理资本与工作压力的视角[D].徐州:中国矿业大学,2014.

[79] BRONDINO M,SILVA S A,PASINI M. Multilevel approach to organizational and group safety climate and safety performance:Co-workers as the missing link[J]. Safety Science,2012,50(9):1847-1856.

[80] 张舒.矿山企业管理者安全行为实证研究[D].长沙:中南大学,2012.

[81] 李磊,景兴鹏,田水承.基于 SEM 的矿工不安全行为形成机理研究[J].煤矿安全,2016,47(7):234-236.

[82] STEPHANIE L MORROW, VALERIE E BARNES. Exploring the relationship between safety culture and safety performance in U.S. nuclear power operations[J]. Safety Science,2014,69(9):37-47.

[83] VISAGIE J, SWANEPOEL J, UKPERE W I. Exploration of psychosocial risk and the handling of unsafe acts and misconducts in the workplace [J]. Mediterranean Journal of Social Sciences,2014,5(20):997-1012.

[84] 孙成坤,傅贵,董继业,等.行为控制方法在煤矿企业中的应用研究[J].安全与环境工程,2014,21(4):122-126.

[85] 刘超.企业员工不安全行为影响因素分析及控制对策研究[D].北京:中国地质大学(北京),2010.

[86] 梁振东.人-机-环-管系统管理视角下的矿业员工不安全行为干预对策研究[J].中国矿业,2014,23(4):20-24.

[87] 张乐.补连塔煤矿不安全行为管控分析[J].煤炭工程,2016,48(3):114-116,120.

[88] 尉智伟.HSE 管理体系中人的不安全行为成因及对策研究[J].化学工程与装备,2015,43(2):207-210.

[89] 马彦廷.煤矿员工故意性不安全行为心理分析及管控对策[J].神华科技,2010,7(3):10-13,29.

[90] 刘伟华,俞凯,谢长震,等.职工不安全行为控制对策库建设及应用系统开发[J].煤矿安全,2016,47(6):253-256.

[91] 郑莹.煤矿员工不安全行为的心理因素分析及对策研究[D].唐山:河北理工大学,2008.

[92] SIGURD W H,BARTONE P T,EID J. Positive organizational behavior and safety in the off shore-oil industry：Exploring the determinants of positive safety clima[J]. Journal of Positive Psychology，2014，9（1）：42-53.

[93] LIU JIANHUA, SONG XIAOYAN. Countermeasures of mine safety management based on behavior safety mode[J]. Procedia Engineering，2014(84)：144-150.

[94] NIE BAISHENG,XIN HUANG,XIN SUN,et al. Experimental study on physiological changes-of-people-trapped-in-coal-mine-accidents[J]. Safety Science,2016(88)：33-43.

[95] 赵泓超,田水承.基于层次分析法的矿工不安全行为后果严重程度研究[J].煤炭工程,2014,46(7):117-120.

[96] 杨佳丽,栗继祖,冯国瑞,等.矿工不安全行为意向影响因素仿真研究与应用[J].中国安全科学学报,2016,26(7):46-51.

[97] 田水承,杨鹏飞,李磊,等.矿工不良情绪影响因素及干预对策研究[J].矿业安全与环保,2016,43(6):99-102.

[98] TIANBAO SHENG,YANLIANG ZHANG,QINGYUN WEI. FTA-based human unsafe behavior control in coal mine intrinsic safety management[J]. Advanced Materials Research,2011,(291-294):3207-3211.

[99] GAOSHENG YANG,JIE JU. The statistical analysis of safe behavior habits' culturing methods on construction workers[J]. Applied Mechanics and Materials,2013(256-259):3043-3048.

[100] 安宇,张鸿莹,邵长宝.矿工不安全行为预控模型的构建与研究[J].煤矿安全,2011,42(10):153-157

[101] 李磊,田水承.基于 ANP 法的企业安全文化模糊综合评价[J].中国安全科学学报,2011,21(7):15-20.

[102] 李凯.煤矿员工不安全行为产生的机理及其控制途径研究[J].企业导报,2011,6(11):48-50.

[103] 李乃文,季大奖.行为安全管理在煤矿行为管理中的应用研究[J].中国安全科学学报,2011,21(12):115-121.

[104] 李红霞,薛建文,杨妍.疲劳对矿工不安全行为影响的 ERP 实验研究[J].西安科技大学学报,2015,35(3):376-380.

[105] 赵鹏飞,聂百胜,贺阿红.煤矿企业员工心理应急能力评价方法研究[J].矿业安全与环保,2015,42(2):121-124.

[106] 美国科索委员会(COSO).内部控制——整合框架[M].北京:中国财政经

济出版社,2014.

[107] 美国科索委员会(COSO).企业风险管理——整合框架[M].大连:东北财经大学出版社,2017.

[108] 财政部,证监会,审计署,等.企业内部控制基本规范[M].上海:立信会计出版社,2008.

[109] 财政部,证监会,审计署,等.企业内部控制配套指引和评价制度[M].北京:北京大学出版社,2011.

[110] 古淑萍.现代企业内部控制的新制度经济学探讨[J].经济问题探索,2011,31(6):81-84.

[111] 冯均科,丁沛文,董静然.公司治理结构与内部控制缺陷披露的相关性研究[J].西北大学学报(哲学社会科学版),2016,46(3):87-94.

[112] 杨有红.内部控制与管理会计工具与方法运用[J].商业会计,2017,37(4):18-19.

[113] 谷祺,樊子君.关于强化我国企业内部控制的研究[J].财务与会计,2002,23(10):20-22.

[114] 许永斌,张宜霞.我国民营企业内部控制现状及其建设框架研究[J].会计之友,2013,30(29):98-101.

[115] 杨周南,刘梅玲.多级模糊综合评判方法在企业内控评价中的应用[J].财会学习,2014,8(5):13-17.

[116] 樊行健,肖光红.关于企业内部控制本质与概念的理论反思[J].会计研究,2014,34(2):4-11.

[117] 刘权.作为规制工具的成本收益分析——以美国的理论与实践为例[J].行政法学研究,2015,22(1):135-144.

[118] 许光建,魏义方.成本收益分析方法的国际应用及对我国的启示[J].价格理论与实践,2014,15(4):19-21.

[119] 邱松伟,刘春湘.浅析成本收益分析的理性冲突[J].改革与开放,2010,24(8):45-47.

[120] 赵雷.行政立法评估之成本收益分析——美国经验与中国实践[J].环球法律评论,2013,35(6):132-145.

[121] ARNETT J. Optimistic bias in adolescent and adult smokers and non-smokers[J]. Addictive Behaviors,2000,25(4):625-632.

[122] ROMER D,JAMIESON P. Do adolescents appreciate the risks of smoking? Evidence from a national survey[J]. Journal of Adolescent Health,2001,29(1):12-21.

[123] BRENT R J. Applied Cost-Benefit Analysis[M]. Cheltenham:Edward

Elgar Publishing,Inc,2006:33-40.

[124] WHITE B A, TEMPLE J A, REYNOLDS A J. Predicting adult criminal behavior from Juvenile delinquency: Ex-ante vs. ex-post benefits of early intervention[J]. Advances in Life Course Research,2010,15(4): 161-170.

[125] JOANNA SHEPHERD,RUBIN P H. Economics and Crime[M]. Berlin: Elsevier Inc,2015.

[126] Jean Paul Chavas. On food security and the economic valuation of food [J]. Food Policy,2017,69(6):58-67.

[127] PARSONS J T. Determinants of HIV risk reduction behaviors among female partners of men with hemophilia and HIV infection [J]. Aids & Behavior,1998,2(1):1-12.

[128] 李战奎,梁昊."收益—成本"视角下的高校学术不端行为研究[J].金华职业技术学院学报,2012,12(3):23-26.

[129] 何舒扬.基于收益和成本的企业信用行为变化研究[J].湖北行政学院学报,2013,27(2):49-53.

[130] 付全通,张红桃.行为经济学视角下矿工不安全行为决策研究[J].现代矿业,2014,30(11):136.

[131] 杨桂兰,刘蕾.大学生网络行为成本与收益分析[J].继续教育研究,2015,31(12):105-107.

[132] 林梦莲.我国硕士研究生教育投资决策研究[D].天津:天津理工大学,2016.

[133] 邓凯."经济人"的行为选择——政府信息公开的成本收益分析[J].法制与社会,2017,25(4):144-147.

[134] 阮媛,吴明.基于成本收益的吸烟决策机制分析[J].中国卫生经济,2017,36(9):5-8.

[135] 陈浏.关于吸烟的经济学解释:基于吸烟收益与成本角度[J].中国卫生经济,2017,36(11):84-86.

[136] 王卉竹."成本—收益"视角下的犯罪预防路径分析[J].法制博览,2017(31):132.

[137] 吴克明,卢同庆,王远伟.城乡高考弃考现象比较研究:成本-收益分析的视角[J].教育发展研究,2013(23):39-45.

[138] 余凌志,屠梅曾.基于经济行为人成本收益分析的经济适用房"转售为租"制度研究[J].生产力研究,2008(8):59-61.

[139] 张雄,张安录,宋敏.农用地使用权征用中农民的成本收益分析[J].中国

人口资源与环境,2011,21(9):38-43.

[140] 李宝库,张小强.基于成本收益的外包售后服务渠道三方博弈研究[J].商业研究,2014(9):181-185.

[141] 张景星,陈童鑫.电信诈骗犯罪的刑罚应对——基于成本收益模型的实证分析[J].净月学刊,2016(4):119-123.

[142] 刘亚洲,纪月清,钟甫宁,等.成本—收益视角下的生猪养殖户死猪处理行为研究——以浙江省嘉兴市为例[J].农业现代化研究,2016(3):558-564.

[143] 汪博宇,张梓默,孙昕泽,等.微信影响中学生人际关系的成本收益分析[J].经济视角(上旬刊),2015(3):67-69,78.

[144] 黄冰洁,常青.大学生逃课决策的成本收益分析[J].中国市场,2011(35):125-127.

[145] 李晓明,刘杰.成本收益理论:腐败与反腐败的机理[J].广西政法管理干部学院学报,2008,23(2):3-9.

[146] 睢党臣,彭庆超.社会保障领域腐败问题的经济学分析与对策研究[J].华北电力大学学报(社会科学版),2015(5):63-70.

[147] 张广宇.农民外出就业的成本收益调查及其模型分析[J].经济研究参考,2004(25):31-37.

[148] 蒋东燃,万青,张弘信.基于成本收益模型的国有企业绩效管理研究[J].山东电力技术,2016,43(10):59-71.

[149] 史点利.成本—收益模型视角下的食品安全犯罪浅析[J].法治与社会,2012(11):60-61.

[150] 郭东.理性犯罪决策——成本收益模型[J].广西社会科学,2007(8):84-88.

[151] 张娇,陈涛,胡婧,等.基于对信用卡成本收益各因素的分析探讨我国信用卡盈利状况[J].财经视点,2012(4):134-135.

[152] 吴桂华.我国上市公司担保行为的成本收益分析[J].现代商业,2009(32):190-191.

[153] 姜春海.腐败的经济学分析——基于成本收益的视角[J].河北经贸大学学报,2007,28(2):19-22.

[154] 徐挺.高校人力资源流动成本收益模型探究[J].黑龙江科学,2013,4(5):61-67.

[155] 石忆邵,王樱晓.基于意愿的上海市农民工市民化成本与收益分析[J].同济大学学报(社会科学版),2015,26(4):50-58.

[156] HERBERT GINTIS. A framework for the unification of behavioral sci-

ences[J]. Behavioral and Brain Sciences,2007,30(1):1-16.

[157] 姜涛. 偏好结构、信念特征与个体决策模型——基于行为经济学范式的研究综述[J]. 中南财经政法大学学报,2013(2):11-23.

[158] ERNST FEHR, KLAUS SCHMIDT. A theory of fairness,competition and cooperation[J]. Quarterly Journal of Economics,1999,114(3):817-868.

[159] AMOS TVERSKY,DANIEL KAHNEMAN. Prospect theory:An analysis decision under risk[J]. Econometrica,1979,47(2):237-251.

[160] 马广奇,张林云. 行为经济学个体决策模型的分析与扩展[J]. 贵州师范大学学报,2008(4):48-52.

[161] SHANE FREDERICK, GEORGE LOEWENSTEIN, TED O'DONOGHUE. Time discounting and time preference:A critical review[J]. Journal of Economic Literature,2002,40(2):351-401.

[162] NEIL D WEINSTEIN. Unrealistic optimism about future life events[J]. Journal of Personality and Social Psychology,1980,39(5):806-820.

[163] 毕研铃,刘钊,李纾. 群体决策与个体决策过分自信的比较研究[J]. 人类工效学,2008,14(4):49-53.

[164] 程昱,夏维力. 基于供应链金融的银行贷款定价分析[J]. 科技和产业,2014(10):106-109.

[165] DANIEL KAHNEMAN, AMOS TVERSKY. Judgement under uncertainty:Heuristics and biases[J]. Science,1974,185(41):1124-1131.

[166] 任广乾,李建标,李政. 投资者现状偏见及其影响因素的实验研究[J]. 管理评论,2011,23(11):151-159.

[167] 李建标,巨龙,任广乾. 钝化信念维系的信息瀑布及其应用[J]. 经济评论,2011(3):30-35.

[168] DANIEL KAHNEMAN,AMOS TVERSKY. Prospect theory:An analysis of decision under risk[J]. Econometrica,1979,47(2):263-292.

[169] BRUCE RIND. Effect of beliefs about weather conditions on tipping[J]. Journal of Applied Social Psychology,1996,26(2):137-147.

[170] SAUNDERS E M. Stock prices and wall street weather[J]. American Economic Review,1993,83(5):1337-1345.

[171] DAN ARIELY, GEORGE LOEWENSTEIN. The Heat of the moment:The effect of sexual arousal on sexual decision making[J]. Journal of Behavioral Decision Making,2006,19(2):87-98.

[172] WILLIAM SAMUELSON,RICHARD ZECKHAUSER. Status Quo Bias

in decision making[J]. Journal of Risk and Uncertainty, 1988, 1(1):
7-59.

[173] DANIEL KAHNEMAN, AMOS TVERSKY. Choices, values, and frames[J]. American Psychologist, 1984, 39(4):341-350.

[174] MATTHEW RABIN. Perspective on psychology and economics[J]. European Economic Review, 2002, 46(4):657-685.

[175] DELLA VIGNA STEFANO. Psychology and economics: Evidence from the field[J]. Journal of Economics Literature, 2009, 47(2):315-372.

[176] FORRESTER J W. Industrial dynamics: A major breakthrough for decision makers[J]. Harvard Business Review, 1958, 36(4):37-66.

[177] 何刚,张国枢,陈清华,等.煤矿安全生产中人的行为影响因子系统动力学(SD)仿真分析[J].中国安全科学学报,2008,18(9):43-47.

[178] 刘全龙,李新春,关福远.煤矿安全国家监察演化博弈的系统动力学分析[J].科技管理研究,2015(5):175-179.

[179] 李乃文,张丽,牛莉霞.煤矿井下安全系统脆弱性的系统动力学仿真研究[J].中国安全生产科学技术,2017,13(10):86-92.

[180] WOOLDRIDGE M, JENNINGS N R. Intelligence agents: Theory and practice[J]. Knowledge Engineering Review, 1994, 10(2):115-152.

[181] LANE D M, MCFADZEAN A G. Distributed problem solving and real-time mechanisms in robot architectures[J]. Engineering Applications of Artificial Intelligence, 1994, 7(2):105-117.

[182] 辛润勤,罗荣桂.智能体理论研究述评[J].科技进步与对策,2007,24(8):210-213.

[183] 廖守亿,戴金海.复杂适应系统及基于 Agent 的建模与仿真方法[J].系统仿真学报,2004,16(1):113-117.

[184] 倪建军,徐立中,王建颖.基于 CAS 理论的多 Agent 建模仿真方法研究进展[J].计算机工程与科学,2006,28(5):83-86.

[185] 施永仁.基于复杂适应系统理论的社会经济系统建模与仿真研究[D].武汉:华中科技大学,2007.

[186] 王莉.核电站事故应急协同决策系统可靠性建模与仿真[D].哈尔滨:哈尔滨工程大学,2012.

[187] 梅强,李钊,刘素霞,等.基于 Multi-Agent 的中小煤矿安全生产管制效果研究[J].工业工程与管理,2015,20(4):142-151.

[188] 王金凤,常禾雨,翟雪琪,等.煤矿应急协作的演化博弈及仿真分析[J].矿业安全与环保,2017,44(4):110-114.

[189] 常松丽.基于 Multi-Agent 的井下矿工信息交互模型研究[D].太原:太原科技大学,2014.

[190] 李乃文,郭利霞.基于 Multi-agent 的矿工情绪稳定性模型构建[J].中国安全生产科学技术,2014,10(12):172-177.

[191] 李乃文,王春迪,黄敏.基于 Multi-agent 的矿工风险感知偏差演化模型[J].中国安全科学学报,2015,25(9):47-52.

[192] 谢长震.矿工群体不安全行为影响因素研究[J].内蒙古煤炭经济,2016(11):1-2.

[193] 韩金明.基于矿工群体人格特质的煤矿安全管理研究[J].现代经济信息,2011(20):74.

[194] 胡小帆.安全意识、安全绩效考核和矿工不安全行为的跨层次研究[D].西安:西安科技大学,2017.

[195] 董平均.司马迁天下"皆为利"思想简论——兼与亚当·斯密"经济人"假设比较[J].河北经贸大学学报,2011,32(4):71-75.

[196] 孔小红,管德华.西尼尔的价值理论及其历史地位[J].财贸研究,2010,21(4):16-22.

[197] 王泽芝.古典政治经济学家的经济伦理观及其启示——以亚当·斯密和约翰·穆勒为例[J].武陵学刊,2017,42(3):6-14.

[198] 道格拉斯·诺思.公共问题经济学[M].北京:中国人民大学出版社,2014:57.

[199] AJZEN I, FISHBEIN M. Understanding Attitudes and Predicting Social Behavior[M]. New Jersey:Prentice-Hall,1980.

[200] 张辉,白长虹,李储凤.消费者网络购物意向分析——理性行为理论与计划行为理论的比较[J].软科学,2011,25(9):130-135.

[201] FISHBEIN M, AJZEN I. Belief,Intention and Behavior:An Introduction to Theory and Research[M]. Massachusets:Addision Wesley,1975.

[202] 王学英.不安全行为问题的经济学研究[J].内蒙古科技与经济,2016(15):51-53.

[203] 李斌雄,江小燕.公职人员"想不安全行为"之动机及其矫治策略[J].廉政文化研究,2016,7(6):91.

[204] 张炎.大学生网络偏差行为与感觉寻求、成本-收益分析及网络成瘾的关系研究[D].武汉:华中科技大学,2013.

[205] 宋亚金.组织惯性的形成机制探究[J].江苏商论,2014(24):187-188.

[206] 高超.重大工程项目决策中的价值取向及其价值观[D].哈尔滨:哈尔滨工业大学,2010.

[207] 张涛. 基于声誉的国有企业经营者动态激励模式研究[D]. 保定: 华北电力大学, 2011.

[208] RITZBERGER K, WEIBULL J W. Evolutionary selection in normal-form games[J]. Econometrica, 1995, 63(6): 1371-1399.

[209] FUDENBERG D, LEVINE D K. The Theory of Learning in Games[M]. Cambridge, MA: MIT Press, 1998: 177-198.

[210] 张小涛. 基于损失厌恶的长期资产配置研究[D]. 天津: 天津大学, 2005.

[211] 甘清华. 考虑时间折现的第三代前景理论及其动态投资决策应用[J]. 商, 2015(46): 143-143.

[212] 钱昆. 基于前景理论的出行者出行方式选择模型研究[D]. 南京: 南京财经大学, 2014.

[213] 林钢锋. 投资者情绪与期货市场收益关系的实证研究[D]. 杭州: 浙江工业大学, 2012.

[214] TVERSKY A, KAHNEMAN D. Advance in prospect theory: Cumulative representation of uncertainty[J]. Journal of Risk and Uncertainty, 1992, 5(4): 297-323.

[215] 刘贝妮. 社会心理安全氛围在工作场所欺凌中所起的作用——基于扎根理论的研究[J]. 商业研究, 2016(8): 120-127, 144.

[216] 史波, 吉晓军. 社会化媒体环境下公共危机信息网民再传播行为——基于扎根理论的一个探索性研究[J]. 情报杂志, 2014, 33(8): 145-149.

[217] 周冰. 我国企业内部控制流程设计研究[D]. 成都: 西南财经大学, 2014.

[218] 高丽. 内蒙古上海庙矿业公司内部控制制度建设研究[D]. 银川: 宁夏大学, 2014.

[219] 邹希婧. 基于风险管理的中小企业内部控制体系构建研究[D]. 成都: 西南财经大学, 2013.

[220] 胡连奇. 组织行为学视角下的企业内部控制研究[D]. 太原: 山西财经大学, 2014.

[221] 詹宏宇. 资源整合背景下山西煤炭企业组织结构的创新研究[D]. 太原: 山西大学, 2012.

[222] 米楚明. 基于人因可靠性分析的煤矿人误行为矫正研究[D]. 西安: 西安科技大学, 2010.

[223] 汪刘菲, 谢振安, 王新林, 等. 基于CIPP视角的安全教育培训对矿工安全行为影响研究[J]. 煤矿安全, 2016, 47(8): 247-250.

[224] 黎伦武. 教育培训企业内部控制体系构建研究[D]. 成都: 西南财经大学, 2013.

[225] 段新庄.组织行为学视角下的内部控制研究[D].开封:河南大学,2010.

[226] 未盆兄.制造企业员工反生产行为归因及控制研究[D].兰州:兰州理工大学,2014.

[227] 薛明月.矿工不安全行为发生机理及影响因素研究[D].西安:西安科技大学,2013.

[228] 常悦.基于煤矿人因事故影响因素的安全防范体系研究[D].太原:太原理工大学,2012.

[229] 孙成坤,傅贵,董继业,等.行为控制方法在煤矿放炮事故预防中的应用研究[J].中国安全生产科学技术,2013,9(12):107-111.

[230] 傅贵,王秀明,李亚.事故致因"2-4"模型及其事故原因因素编码研究[J].安全与环境学报,2017,17(3):1003-1008.

[231] 屈婷.矿工不安全行为量表设计及实证研究[D].西安:西安科技大学,2013.

[232] 周丹,韩豫,陆建飞.建筑工人群体性调查与特性分析[J].建筑技术,2016,47(2):182-185.

[233] 王宏姣.工作场所的助人行为:群体氛围与沟通开放性的影响[D].无锡:江南大学,2016.

[234] 张建国.煤矿矿工违章行为管理对策研究[D].邯郸:河北工程大学,2013.

[235] 王敬阳.煤矿安全精细化管理研究[D].邯郸:河北工程大学,2015.

[236] 田超群.对我国机械安全技术法规系统运行的探讨[J].科技资讯,2009(2):44.

[237] 张国光.我国煤矿企业安全培训方案设计[D].北京:中国地质大学(北京),2012.

[238] 洪川,栗秋华,周杰.领导团队运作与团队效能关系研究[J].改革与开放,2015(19):76-78.

[239] 谢颖.M公司团队建设及其改进研究[D].成都:西南交通大学,2017.

[240] 姚庆国,郭秀菊,张学睦.基于SEM理论的沟通满意度对煤矿矿工不安全行为的影响研究[J].安全与环境工程,2017,24(6):101-106.

[241] 胡小帆.基于指数平滑法的煤矿事故死亡预测研究[J].煤炭技术,2016,35(3):312-314.

[242] 陈向明.扎根理论在中国教育研究中的运用探索[J].北京大学教育评论,2015,13(1):2-15,188.

[243] 王红利.教育研究新范式:扎根理论再审视[J].山西师大学报(社会科学版),2015,42(2):127-130.

[244] 许迈进,章瑚纬.研究型大学教师应具备怎样的教学能力?——基于扎根理

论的质性研究探索[J].浙江大学学报(人文社会科学版),2014,44(2):5-15.

[245] 王海宁.心理学理论建构的新方法——扎根理论[D].长春:吉林大学,2008.

[246] MANZO S,SALLING K B. Integrating life-cycle assessment into transport-cost benefit analysis[J]. Transportation Research Procedia, 2016 (14):273-282.

[247] 赵杨,时勘,王林.基于扎根理论的微博集群行为类型研究[J].情报科学,2015,33(4):29-34.

[248] 姜金贵,张鹏飞,付棣,等.群体性突发事件诱发因素及发生机理研究——基于扎根理论[J].情报杂志,2015,34(1):150-155.

[249] 杜亚灵,赵欣,马辉,等.PPP项目中公共代理机构对私人部门控制的构念与结构维度——基于扎根理论的探索性研究[J].软科学,2017,31(1):130-135.

[250] 孙晓娥.扎根理论在深度访谈研究中的实例探析[J].西安交通大学学报(社会科学版),2011,31(6):87-92.

[251] 孔德云.腐败动机影响因素实证研究[D].合肥:中国科学技术大学,2009.

[252] 芦慧,陈红,周肖肖,等.基于扎根理论的工作群体断层——群体绩效关系概念模型的本土化研究[J].管理工程学报,2013,27(3):45-52.

[253] 陈艳,田文静.基于行为经济学的会计舞弊行为研究[J].会计师,2011(6):4-9.

[254] 官青青.食品安全的经济学分析——基于各主体行为之间的博弈分析[J].生产力研究,2013(1):24-26,8.

[255] 孟文静.基于成本分析的不安全行为及其治理[D].济南:山东大学,2012.

[256] 田水承,孙春红.从安全经济学看道路交通事故频发原因[J].安全,2008(9):16-19.

[257] 张琼方.成本收益视角下国企高管腐败行为分析[J].现代商业,2017(23):107-108.

[258] 游劝荣.违法成本论[J].东南学术,2006(5):124-130.

[259] 李红霞,范永斌,韩晓静,等.煤矿工人风险偏好水平问卷的设计与开发[J].安全与环境学报,2016,16(3):177-181.

[260] 杨世博.房地产开发中的腐败行为研究[D].武汉:华中科技大学,2010.

[261] 梁振东.煤矿员工不安全行为影响因素及其干预研究[D].北京:中国矿业大学(北京),2012.

[262] 张小飞.基于成本因素的腐败预防对策研究[D].上海:同济大学,2006.

[263] 周彦.集体腐败的成本收益分析[D].南昌:江西财经大学,2016.

［264］刘欢妮.基于成本与收益分析的腐败行为及其治理［D］.南宁:广西大学,2016.

［265］夏龙飞.战略管理会计知识架构系统化应用研究［D］.大连:辽宁师范大学,2016.